应用技术型高等教育"十三五"精品规划教材

大学物理
解析对策与讨论总结

梁志强　王伟　李洪云　尹妍妍　吴世亮　等 编著

中国水利水电出版社
www.waterpub.com.cn
·北 京·

内 容 提 要

本书融合学习指导、习题解析及教学指南为一体，具有指导学生科学高效学习，辅助青年教师快速提高教学水平的双重功能。特别对于初学"大学物理"课程面临诸多困难的学生，能起到较大的帮扶作用，而对于优秀学生则能发挥锦上添花的助力作用。所涉及习题尽量结合工程技术实例及日常生活事例，具有突出理论结合实践及注重物理学应用等特点，可以作为"大学物理"课程的例题或习题课内容引入课堂。

本书适时融入科学学习方法、逻辑思维方法和高等数学应用方法的介绍、总结等内容，促使学习者在持续学习的进程中，不断提高学习能力、科学思维能力、解析问题和解决问题的能力。

图书在版编目（ＣＩＰ）数据

大学物理解析对策与讨论总结 / 梁志强等编著. --
北京 : 中国水利水电出版社，2018.2（2020.1重印）
应用技术型高等教育"十三五"精品规划教材
ISBN 978-7-5170-6307-0

Ⅰ. ①大… Ⅱ. ①梁… Ⅲ. ①物理学－高等学校－教
学参考资料 Ⅳ. ①O4

中国版本图书馆CIP数据核字(2018)第030617号

策划编辑：宋俊娥　责任编辑：宋俊娥

书　　名	应用技术型高等教育"十三五"精品规划教材 **大学物理解析对策与讨论总结** DAXUE WULI JIEXI DUICE YU TAOLUN ZONGJIE	
作　　者	梁志强　王伟　李洪云　尹妍妍　吴世亮　等 编著	
出版发行	中国水利水电出版社 （北京市海淀区玉渊潭南路１号Ｄ座　100038） 网址：www.waterpub.com.cn E-mail：sales@waterpub.com.cn 电话：(010) 68367658（营销中心）	
经　　售	北京科水图书销售中心（零售） 电话：(010) 88383994、63202643、68545874 全国各地新华书店和相关出版物销售网点	
排　　版	北京智博尚书文化传媒有限公司	
印　　刷	三河市龙大印装有限公司	
规　　格	170mm×227mm　16 开本　11.25 印张　178 千字	
版　　次	2018 年 2 月第 1 版　2020 年 1 月第 3 次印刷	
印　　数	8001—11000 册	
定　　价	29.00 元	

前　言

　　"大学物理"是我国高等院校理工科专业重要的必修公共基础课程。该课程强调逻辑思维和高等数学的应用，但实际情况是，相当一部分学习该课程的学生，逻辑思维能力和高等数学应用能力欠佳，这非常不利于"大学物理"课程的学习。本书的编写目的之一，就是期望引导并训练他们迅速提高上述两种能力。本书前四章涉及的主要数学应用问题为坐标系和积分微元的选取，第2至5章重点强调标量、矢量定积分运算的训练，第2、9章兼顾微分方程求解的练习。本书还适时融入科学学习方法、逻辑思维方法及高等数学应用方法的介绍和总结等内容，促使学习者在持续学习的进程中，不断提高学习能力、科学思维能力、解析问题和解决问题的能力。

　　本书所选习题与本教学团队所编写的教材《大学物理》（第二版）并不完全一致，改编部分习题，删去少数习题，同时入选部分新习题。所涉及的习题尽量结合工程技术实例和日常生活事例，具有注重理论结合实践，突出物理学应用等特点，可以作为"大学物理"课程的例题或习题课内容引入课堂，以适应各类应用技术型院校的教学需求。

　　本书由山东省教学名师梁志强教授主持编写，是山东交通学院"物理公共基础课及物理专业理论课教学团队"十余年大学物理课程教学实践和教研成果的概括总结。梁志强教授创意了本书的结构，融合学习指导、习题解析及教学指南为一体，具有指导训练学生科学高效学习，辅助青年教师快速提高教学水平的双重功能。特别对于初学"大学物理"课程面临诸多困难的学生，能起到较大的帮扶作用，而对于优秀学生则能发挥锦上添花的助力作用。

　　德国著名物理学家索末菲曾告诫其学生：要勤奋地去做练习，只有这样你才会发现，哪些你理解了，哪些你还没有理解。值得一提的是，索末菲还是一位杰出的教育工作者，培养了海森伯、泡利、贝特、德拜等诺贝尔奖获得者，以及一大批著名科学家。对于"大学物理"课程的学习，"勤奋地去做练习"同样至关重要。诚恳建议学习者端正学习态度，千万不要依赖学习指导、习题解析及解题指南等书籍！参考是可以的，借助也是可行的，过度依赖就会丢掉独立思考的训练和解决问题的体验等过程，不仅难以检验学习效果，更会错失成功或失败等诸多历练！最好广泛涉猎国内外教材，尽量独立做一些难度适中的练习题，包括选解一些外国教材的习题。要知道亲自解答一道"陌生的练习题"，就等价于解决一个"新问题"，也就相当于经历一次"发明创造"的体验！对待学习多思考勤总结，对于尽快提高逻辑思维能力和解决问题的能力大有裨益，而且这些努力对于今后的学习和工作无疑是起跳的基石！

本书分为章节"内容总结"和"问题分析与解答"两部分。前者主要概括总结"大学物理"课程每章的主要内容，分为"教学基本要求""学习指导""内容提要""重点解析""基本问题求解步骤"或"基本问题分类"等内容。后者主要针对相应章节物理问题的剖析解答与讨论，分为解题思路"分析"，解题规律或步骤"总结"，解题结果的"讨论与说明"，以及解题结论在工程技术、仪器研制、军事武器等领域的实际"应用"等内容。本部分的编写，突出解决问题思路分析与解题方法的总结，示范逻辑思维的应用，以及准确表述问题的方法等内容。特别是"应用"部分还包括本教学团队指导本科生参加"山东省大学生科技节物理科技创新大赛"等赛事的部分获奖作品，以及指导本科生发表的相关论文等内容。目的是为本科生参与课外科技活动提供范例树立榜样，鼓励他们积极参与其中，应用"大学物理"课程所学到的理论知识，在动手实践完成参赛作品的制作过程中迅速提高自身素质和能力，为今后的专业课程学习、毕业论文写作以及个人发展，积蓄能量并奠定扎实的基础。

本书的结构策划及内容编写由梁志强教授、王伟教授、李洪云博士分工负责。梁志强、王伟、尹妍妍、吴世亮负责完成第一部分"内容总结"的编写，梁志强、李洪云、尹妍妍负责完成第二部分"问题分析解答与讨论总结"等内容的编写，王立飞、刘进庆、于英霞、王青、李畅等青年教师参与了问题解答的部分编写工作，梁志强负责全书的统稿工作。

感谢中国水利水电出版社为本书的出版付出的辛勤劳动。

不当之处，欢迎指正，以便再版时更正。

编　者

2017 年 12 月于

山东交通学院无影山校区

目　　录

第1章　质点运动学

内容总结

1.1　教学基本要求

（1）掌握位置矢量、位移矢量、速度和加速度四类描述质点运动的物理量，理解其矢量性、瞬时性和相对性。

（2）理解运动学方程的物理意义，掌握由其确定质点位置、位移、速度和加速度的方法，以及已知质点加速度和初始条件求解速度、运动学方程的方法。

（3）掌握质点平面运动速度、加速度的计算，以及质点圆周运动角速度、角加速度、切向加速度和法向加速度的计算。

（4）了解伽利略速度变换及质点相对运动问题。

1.2　学习指导

质点运动学是质点力学的基础，运动学方程及速度和加速度等物理量随时间的变化规律，是运动学研究的重点。对于本章的学习，应当重点掌握四类描述质点运动的物理量以及各物理量随时间的变化规律。熟练掌握直角坐标系、自然坐标系的应用，尽快习惯并掌握微积分、矢量运算等数学工具，为后继章节的学习奠定扎实的数学基础。重点掌握运动学两类基本问题的求解，为质点动力学问题的求解奠定基础。质点相对运动问题较为复杂，应当注意掌握绝对速度、相对速度及牵连速度三类物理量的区分。

1.2.1　内容提要

（1）四类重要物理量：位置矢量、位移矢量、速度矢量、加速度矢量。

（2）两类基本问题：第一类为由质点运动学方程求质点 t 时刻速度、加速度的问题。第二类为已知质点加速度及初始条件，求质点速度及运动学方程的问题。

（3）两个重要方程：运动学方程、轨迹方程。

（4）三类基本运动：直线运动、曲线运动、相对运动。

1.2.2　重点解析

（1）由于运动描述的相对性，相对不同的参照系，对运动质点的描述结果相异。对于运动学问题，参照系的选取没有特殊要求，可以视解题方便而定。应当熟练掌握在选定参照系上，建立不同坐标系解决质点运动学问题的方法和技巧，例如应用空间坐标系、平面坐标系、直线坐标系分别求解质点的空间、平面、直线运动问题。应用自然坐标系、平面直角坐标系求解质点平面曲线运动问题等，特别是空间直角坐标系和自然坐标系的应用，相对有一定难度，要在认真学习相关例题的基础上，独立完成一定数量的练习题后逐渐掌握，熟练应用。应用自然坐标系求解运动学问题，可以先从质点匀速率圆周运动问题的练习开始。对于应用直角坐标系和自然坐标系联合求解质点运动学的问题，也应给予足够的关注。坐标系的选取，一定程度上关系到解题的成功与否，涉及解题工作量的大小。

（2）对于本章两类基本问题，第一类问题可应用求导方法处理，第二类问题可应用积分方法处理。

（3）运动学方程是联系其他运动学物理量的桥梁，由任意坐标系表出的质点运动学方程直接消去时间变量，可以求得该坐标系的轨迹方程。

（4）关于质点相对运动问题，在理清绝对速度、相对速度及牵连速度三类物理量的基础上，可以直接应用伽利略速度变换求解。

1.2.3　质点运动学问题基本求解步骤

（1）选取参照系、由题意建立适当坐标系。
（2）将质点位置、速度和加速度等矢量在所建坐标系投影列出标量式。
（3）由已知及相关关系式求解。
（4）对结果及求解过程进行讨论。

问题分析解答与讨论总结

1.1　云室为带电粒子轨迹探测装置。当带电粒子高速射入充以气体的云室时，在其经过的路径上产生离子，可使其中的过饱和蒸气以离子为核心凝结成液滴，从而可采用拍照的方法记录粒子的轨迹。若作直线运动带电粒子的运动学方程为 $x = C_1 - C_2 e^{-\alpha t}$ （SI），其中 C_1、C_2、α 均为常量，并在粒子进入云室时开始计时，试描述其运动情况。

解：分析　本题为直线运动问题，且属于运动学第一类问题，即已知运动学方程求带电粒子其他物理量的问题，该类问题可直接应用求导方法处理。由粒子运动学方程对时间 t 求导得到其速度、加速度，进一步得到其初态和终态的位置、速度、加速度等运动学信息。作如题 1.1 图所示一维坐标系，由题意选取计时处为参照系及坐标原点，则有：

$$\left.\begin{array}{l} x = C_1 - C_2 \, e^{-\alpha t} \\[4pt] v = \dfrac{\mathrm{d}x}{\mathrm{d}t} = C_2 \alpha e^{-\alpha t} \\[4pt] a = \dfrac{\mathrm{d}v}{\mathrm{d}t} = -C_2 \alpha^2 e^{-\alpha t} = -\alpha v \end{array}\right\} \tag{1.1.1}$$

$$t = 0 \Rightarrow x_0 = C_1 - C_2, v_0 = C_2 \alpha, a_0 = -C_2 \alpha^2 = -\alpha v_0 \tag{1.1.2}$$

$$t = \infty \Rightarrow x_\infty = C_1, v_\infty = 0, a_\infty = 0 \tag{1.1.3}$$

1.1 题用图

总结与说明：

（1）由式（1.1.1）可知，粒子进入云室后作减速运动，其加速度为速率的一次函数。

（2）由式（1.1.1）可得式（1.1.2）为粒子的初始位置、初始速度和初始加速度。值得注意的是，由于所给运动学方程中 C_1、C_2 均为常量，且无其他限制，故如题 1.1 图所示可以任意选取坐标原点。

（3）由式（1.1.1）可得式（1.1.3）为粒子的终态位置、终态速度和终态加速度。

（4）由式（1.1.1）的加速度、速度及初始条件，对时间 t 积分可得速度和运动学方程，此类问题属于运动学第二类问题，一般可直接应用积分方法处理。

（5）该装置由英国物理学家查尔斯·汤姆逊·里斯·威尔逊（Charles Thomson Rees Wilson，1869—1959）于 1895 年研制成功，后又增补拍摄设备，使其成为早期研究射线的重要仪器。威尔逊因发明云室获得 1927 年诺贝尔物理学奖。

1.2　将牛顿管抽为真空且垂直于水平地面放置，如题 1.2 图所示，自管中 O 点向上抛射小球又落至原处用时 t_2，小球向上运动经 h 处又下落至 h 处用时 t_1，现测得 t_1、t_2 及 h，试由此确定当地重力加速度的数值。

解：分析　本题相对水平地面为匀加速直线运动问题，由该类问题的运

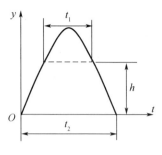

1.2 题用图

动学方程出发即可求解。本题的目的是由已知出发，得到由可测物理量 t_1、t_2、h 表出的重力加速度关系式。选定计时处为参照系及坐标原点，建立如题 1.2 图所示坐标系，故对于竖直上抛问题及匀加速直线运动问题有：

$$y = y_0 + v_{0y}t - \frac{1}{2}gt^2 \tag{1.2.1}$$

$$v_2^2 - v_1^2 = 2gh \tag{1.2.2}$$

由题意以及参考如题 1.2 图所示坐标与时间函数图像，可设：$t = t_2$ 时，$y_0 = 0$，$y = 0$，$v_{0y} = v_2$；$t = t_1$ 时，$y_0 = y = h$，$v_{0y} = v_1$，分别代入（1.2.1）式得到：

$$0 = 0 + v_2 t_2 - \frac{1}{2}gt_2^2 \tag{1.2.3}$$

$$h = h + v_1 t_1 - \frac{1}{2}gt_1^2 \tag{1.2.4}$$

联立式（1.2.2）～（1.2.4）得到：

$$g = \frac{8h}{t_2^2 - t_1^2} \tag{1.2.5}$$

讨论与应用：

（1）由式（1.2.5）可知，由物理量 t_1、t_2、h 的测量值即可确定当地重力加速度的数值，因此式（1.2.5）即为所求。值得注意的是，应用上述测量方法，仅需测量三个物理量，就可确定当地重力加速度的数值。

（2）基于式（1.2.5）为测量原理，本教学团队指导山东交通学院理学院本科生研制的"新型重力加速度测量装置"，于 2015 年获得"第七届山东省大学生科技节物理科技创新大赛"二等奖。

（3）关于抛体运动的应用涉及军事武器、体育竞技、测量仪器等诸多领域，读者可以自行检索查阅，探索抛体运动更大范围的应用，以便丰富知识储备。

1.3　已知一颗小彗星相对太阳系某点 O 的运动学方程为 $x(t) = a\cos t$，$y(t) = b\sin t$（SI 单位），其中 a、b 均为大于零的常量。试求相对于 O 点：

（1）彗星的位置矢量。

（2）彗星的轨道方程。

（3）彗星的运行速度和加速度。

解：分析　本题为平面曲线运动问题，属于运动学第一类问题，为已知运动学方程的标量式求其他物理量的问题，可直接应用求导方法处理。故由彗星运动学方程对时间 t 求导得到速度、加速度，由其运动学方程直接消去时间 t，得到彗星的轨道方程。由题意作如题 1.3 图所示平面直角坐标系，且已选定太阳系 O 点为参照系及坐标原点，则有彗星的位置矢量、轨道方程及运行速度、加速度分别为：

（1）
$$\left.\begin{aligned} x(t) = a\cos t, y(t) = b\sin t \text{ (m)} \\ \boldsymbol{r}(t) = (a\cos t)\boldsymbol{i} + (b\sin t)\boldsymbol{j} \text{ (m)} \end{aligned}\right\} \tag{1.3.1}$$

（2）
$$\frac{x^2}{a^2} + \frac{y^2}{b^2} = 1 \tag{1.3.2}$$

（3）
$$\left.\begin{aligned} \boldsymbol{v} = \frac{\mathrm{d}x}{\mathrm{d}t}\boldsymbol{i} + \frac{\mathrm{d}y}{\mathrm{d}t}\boldsymbol{j} = (-a\sin t)\boldsymbol{i} + (b\cos t)\boldsymbol{j} \text{(m·s}^{-1}) \\ \boldsymbol{a} = \frac{\mathrm{d}^2 x}{\mathrm{d}t^2}\boldsymbol{i} + \frac{\mathrm{d}^2 y}{\mathrm{d}t^2}\boldsymbol{j} = (-a\cos t)\boldsymbol{i} - (b\sin t)\boldsymbol{j} = -\boldsymbol{r} \text{(m·s}^{-2}) \end{aligned}\right\} \tag{1.3.3}$$

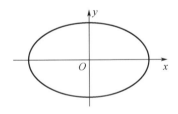

1.3 题用图

总结：

（1）式（1.3.1）的矢量式为任意时刻小彗星相对 O 点的位置矢量。

（2）式（1.3.2）为小彗星相对 O 点的椭圆轨道方程。

（3）式（1.3.3）给出的则是小彗星相对 O 点的运行速度和加速度，且加速度始终指向坐标原点。

1.4　场地赛车由静止出发作直线运动，设其初始加速度 $\boldsymbol{a}_0$，每经过时间间隔 $\Delta t = \tau$ 后，其加速度增加 $\boldsymbol{a}_0$，试求经过 t 秒后该赛车的速度及运动距离。

解：分析　本题为已知质点加速度及初始条件，求其他物理量的问题，属于运动学第二类问题，可直接应用积分方法处理。首先由题意确定加速度随时间的变化关系，然后应用积分求解。由题意选择赛车场地为参照系，作如题 1.4 图所示一维坐标系，取地面上赛车起始点为坐标原点，赛车运动方向为 x 轴正向，于是可由标量形式替代速度、加速度的矢量形式，据题意可知赛车的加速度随时间的变化关系及经过 t 秒后该赛车的速度和运动距离分别为：

$$a(t) = a_0 + \frac{a_0}{\tau}t \tag{1.4.1}$$

$$a = \frac{\mathrm{d}v}{\mathrm{d}t} \Rightarrow \mathrm{d}v = a\mathrm{d}t \tag{1.4.2}$$

$$v = \int_0^t a\mathrm{d}t = \int_0^t \left(a_0 + \frac{a_0}{\tau}t\right)\mathrm{d}t = a_0 t + \frac{a_0}{2\tau}t^2 \ (\mathrm{m \cdot s^{-1}}) \tag{1.4.3}$$

$$x = \int_0^t v\mathrm{d}t = \int_0^t \left(a_0 t + \frac{a_0}{2\tau}t^2\right)\mathrm{d}t = \frac{a_0}{2}t^2 + \frac{a_0}{6\tau}t^3 \ (\mathrm{m}) \tag{1.4.4}$$

1.4 题用图

总结：

（1）式（1.4.1）给出的是赛车相对地面的加速度随时间的变化关系，且赛车作变加速运动。

（2）式（1.4.2）是由加速度定义式给出的速度微分式。

（3）式（1.4.3）、（1.4.4）为经过 t 秒后赛车相对坐标原点的速度及运动距离。

（4）由速度的定义式可以给出坐标的微分式，对时间 t 积分得到式（1.4.4）坐标的积分式。

1.5　若跳水运动员垂直跳水池水面入水，设其入水后仅受水的阻碍而减速，取自水面竖直向下为 y 轴，加速度为 $a_y = -kv_y^2$，其中 v_y 为速度，k 为常量。若设运动员接触水面时其速率 v_0，试求其入水后速度随时间的变化关系。

解：分析　本题为已知质点加速度及初始条件求速度的问题，属于运动学第二类问题，可直接应用积分方法处理。由题意选择水池为参照系，设运动员为质点，依题意作如题

1.5 题用图

1.5 图所示一维坐标系，选跳水运动员垂直入水处为坐标原点，垂直水面向下为 y 轴正向，则有：

$$a_y = \frac{\mathrm{d}v_y}{\mathrm{d}t} = -kv_y^2 \Rightarrow -v_y^{-2}\mathrm{d}v_y = k\mathrm{d}t$$

$$\Rightarrow \int_{v_0}^{v_y} \frac{\mathrm{d}v_y}{v_y^2} = -\int_0^t k\mathrm{d}t \Rightarrow 1/v_y - 1/v_0 = kt \tag{1.5.1}$$

$$v_y = v_0/(kv_0t + 1)\,(\mathrm{m \cdot s^{-1}}) \tag{1.5.2}$$

讨论：由式（1.5.2）看出，随着时间 t 的延续，运动员入水后的速度越来越小，最后为零，这正是水的阻碍效果。

1.6 设加农榴弹炮自山脚下向山坡上敌对方的军事目标开火，若山坡与地平面夹角 α，试求发射角设置为多少时，才能击中山坡上最远的目标？

解：分析 本题为抛体极值计算问题，可由抛体运动学方程出发求解。设炮弹为质点，由题意选择山坡为参照系，依题意作如题 1.6 图所示坐标系，取炮弹发射处为坐标原点，其初始速度及发射角分别为 v_0、θ_0，设炮弹落于山坡上距坐标原点 O 为 s 位置处，于是由抛体运动学方程得到炮弹的运动学方程及目标的坐标为：

$$\left.\begin{array}{l} x = (v_0\cos\theta_0)t \\ y = (v_0\sin\theta_0)t - \dfrac{1}{2}gt^2 \end{array}\right\} \tag{1.6.1}$$

$$\left.\begin{array}{l} x = s\cos\alpha \\ y = s\sin\alpha \end{array}\right\} \tag{1.6.2}$$

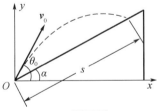

1.6 题用图

联立式（1.6.1）、（1.6.2）可得炮弹的飞行时间及沿山坡的射程分别为：

$$t = \frac{2v_0\sin(\theta_0 - \alpha)}{g\cos\alpha} \tag{1.6.3}$$

$$s = \frac{x}{\cos\alpha} = \frac{2v_0^2\cos\theta_0\sin(\theta_0 - \alpha)}{g\cos^2\alpha} \tag{1.6.4}$$

对式（1.6.4）求极大值得：

$$\frac{\mathrm{d}s}{\mathrm{d}\theta_0} = 0 \Rightarrow \theta_0 = \frac{\pi}{4} + \frac{\alpha}{2} \tag{1.6.5}$$

于是当加农榴弹炮发射角设置为 θ_0 时，沿山坡发射炮弹的最远射程为：

$$s_{\max} = \frac{v_0^2}{g\cos^2\alpha}(1 - \sin\alpha)(\mathrm{m}) \tag{1.6.6}$$

讨论：

（1）由式（1.6.6）得 $s_{\max} = s_{\max}(\alpha)$，故可以尝试对于变量 α 求射程的极值。

（2）令式（1.6.3）～（1.6.6）中 $\alpha = 0$，即可得到斜抛问题的结果，故本题结果更具普遍性。

1.7 列装我军的 PP93 式迫击炮，是山地步兵、海军陆战队及快速机动部队的理想压制火炮，具有重量轻、射程远和机动性好等优点。设 PP93 式迫击炮以 $45°$ 发射角发射，炮弹初速率 $v_0 = 90\mathrm{m \cdot s^{-1}}$，而且在与发射点同一水平面上落地爆炸。若不计空气阻力，试求炮弹在最高点和落地点运动轨迹的曲率半径。

解：分析 本题属于抛体问题，可由抛体相关规律出发求解。将炮弹视为质点，依题意选择地面为参照系，选如题 1.7 图所示坐标系，设炮弹发射处为坐标原点，其初始速度及发射角分别为 v_0、α。由于涉及轨迹的曲率半径，故可应用自然坐标系与直角坐标系联合求解的方法处理。应用抛体相关规律得到炮弹的速度、加速度在直角坐标系的表示为：

$$\left.\begin{aligned} \boldsymbol{v} &= v_x\boldsymbol{i} + v_y\boldsymbol{j} = v_0\cos\alpha\,\boldsymbol{i} + (v_0\sin\alpha - gt)\boldsymbol{j} \\ \boldsymbol{a} &= -g\boldsymbol{j} \end{aligned}\right\} \tag{1.7.1}$$

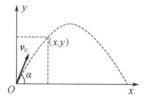

1.7 题用图

由于轨道最高点炮弹的速度仅有水平分量，其加速度沿法向竖直向下，故其速度、加速度分别为：

$$\left.\begin{aligned} v_y &= v_0\sin\alpha - gt = 0 \Rightarrow v = v_x = v_0\cos\alpha \\ a_n &= g \end{aligned}\right\} \tag{1.7.2}$$

轨迹最高点处曲率半径由自然坐标系法向加速度得到：

$$\rho = v^2/a_n = (v_0 \cos \alpha)^2/g = \frac{(90 \times \sqrt{2}/2)^2}{9.8} = 413.3(\text{m}) \quad (1.7.3)$$

注意到落地点炮弹速度沿轨道切向，由对称性知此时其速度与初速等值，于是得到炮弹在落地点的速度、加速度分别为：

$$\left.\begin{array}{l} \boldsymbol{v} = v_0 \boldsymbol{e}_t \Rightarrow v = v_0 \\ a_n = g \cos 45° \end{array}\right\} \quad (1.7.4)$$

轨迹落地点处曲率半径由自然坐标系法向加速度得到：

$$\rho = \frac{v^2}{a_n} = \frac{v_0^2}{g \cos 45°} = \frac{90^2}{9.8 \times \sqrt{2}/2} \approx 1169(\text{m}) \quad (1.7.5)$$

讨论：由于抛体的相关规律通常在直角坐标系表出，而轨迹的曲率半径却在自然坐标系法向加速度关系式中出现，故求解本题需要应用自然坐标系与直角坐标系联合求解的方法处理。其实，理应将各种坐标系视为"工具"，在解决具体问题时，适当选取及组合，灵活应用即可。

1.8 设狙击手由摩天大楼 36 层以水平初速 v_0 射击目标，若取枪口为坐标原点，沿子弹初速方向为 x 轴正向，竖直向下为 y 轴正向，取击发时 $t = 0$，不计空气阻力，试求：

（1）子弹 t 时刻的坐标及轨道方程。

（2）子弹 t 时刻的速度及切向、法向加速度。

解：分析 本题为抛体问题，故可由抛体相关规律出发求解。由于涉及切向、法向加速度，故可应用自然坐标系与直角坐标系联合求解的方法处理。将子弹视为质点，由题意选择摩天大楼为参照系，依题意作如题 1.8 图所示坐标系，由抛体运动学方程得到：

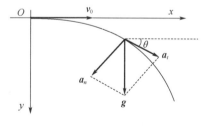

1.8 题用图

（1）子弹 t 时刻的坐标及轨道方程为：

$$x = v_0 t, \quad y = \frac{1}{2} g t^2 \quad (1.8.1)$$

$$y = \frac{gx^2}{2v_0^2} \qquad (1.8.2)$$

（2）子弹 t 时刻的速度及切向、法向加速度，由式（1.8.1）出发可得：

$$\boldsymbol{v} = v_0\boldsymbol{i} + gt\boldsymbol{j}(\mathrm{m \cdot s^{-1}}) \qquad (1.8.3)$$

$$a_t = \frac{\mathrm{d}v}{\mathrm{d}t} = \frac{g^2 t}{\sqrt{v_0^2 + g^2 t^2}}(\mathrm{m \cdot s^{-2}}) \qquad (1.8.4)$$

$$a_n = \sqrt{g^2 - a_t^2} = \frac{v_0 g}{\sqrt{v_0^2 + g^2 t^2}}(\mathrm{m \cdot s^{-2}}) \qquad (1.8.5)$$

总结：值得强调的是，式（1.8.4）、（1.8.5）为重力加速度自然坐标系的表示，由此受到启发，进而可将抛体速度在自然坐标系表出，最后总结得到抛体规律在自然坐标系的全部表示。此类举一反三、归纳总结的训练，不仅可以获得意想不到的结果，还有益于创造性思维的训练。

1.9 BJ－212 吉普车在半径 200m 的圆弧形公路上进行制动测试，设制动开始阶段其运动学方程 $s = 20t - 0.2t^3(\mathrm{m})$，试求该越野车 $t = 1\mathrm{s}$ 时的加速度。

解：**分析** 本题可视为质点圆周运动问题，为已知质点运动学方程求加速度的问题，依题意选择公路为参照系，选用自然坐标系求解较为方便。将该车视为质点，依题意作如题 1.9 图所示。由自然标系速度、加速度表达式得到：

$$\left.\begin{array}{l} \boldsymbol{a} = a_t\boldsymbol{e}_t + a_n\boldsymbol{e}_n = \dfrac{\mathrm{d}^2 s}{\mathrm{d}t^2}\boldsymbol{e}_t + \dfrac{v^2}{R}\boldsymbol{e}_n \\[2mm] v = \dfrac{\mathrm{d}s}{\mathrm{d}t} = 20 - 0.6t^2 \end{array}\right\} \qquad (1.9.1)$$

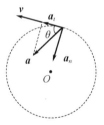

1.9 题用图

故越野车 $t = 1\mathrm{s}$ 时的加速度为：

$$\left.\begin{array}{l} a_n = v^2/R = \dfrac{(19.4)^2}{200} \approx 1.88(\mathrm{m \cdot s^{-2}}) \\[3mm] a_t = \dfrac{\mathrm{d}^2 s}{\mathrm{d}t^2} = -1.2(\mathrm{m \cdot s^{-2}}) \\[3mm] \boldsymbol{a} = a_t\boldsymbol{e}_t + a_n\boldsymbol{e}_n = (-1.2\boldsymbol{e}_t + 1.88\boldsymbol{e}_n)(\mathrm{m \cdot s^{-2}}) \end{array}\right\} \qquad (1.9.2)$$

也可表示为：

$$
\left.\begin{array}{l}
\tan \alpha = \dfrac{a_n}{a_t} \approx \dfrac{1.88}{-1.2} = -1.5667 \Rightarrow \alpha \approx 122°33' \\[3mm]
a = \sqrt{a_n^2 + a_t^2} = \sqrt{(1.88)^2 + (-1.2)^2} \approx 2.23(\mathrm{m} \cdot \mathrm{s}^{-2})
\end{array}\right\} \quad (1.9.3)
$$

说明：式（1.9.2）、（1.9.3）分别为自然坐标系加速度的矢量、标量表达式。

1.10 山地车运动员骑车向正东而行，行驶速率为 $10\mathrm{m} \cdot \mathrm{s}^{-1}$ 时感觉是南风，但当其行驶速率增至 $15\mathrm{m} \cdot \mathrm{s}^{-1}$ 时感觉是东南风，试求风速。

解：**分析** 本题为相对运动问题，涉及基本参照系、运动参照系两种参照系，以及绝对运动、相对运动和牵连运动三种运动，属于本章较复杂的运动学问题。选大地为基本坐标系 S、骑车运动员为运动参照系 S'，则本题所求为相对于基本坐标系 S 风的绝对速度。绝对速度与相对速度、牵连速度的关系式为：

$$
\boldsymbol{v} = \boldsymbol{v}' + \boldsymbol{v}_0 \Rightarrow \boldsymbol{v} = \boldsymbol{v}_i' + \boldsymbol{u}_i \quad (i = 1,2) \tag{1.10.1}
$$

（1）骑车运动员行驶速率为 $10\mathrm{m} \cdot \mathrm{s}^{-1}$ 时，如题 1.10 图 a 所示骑车运动员向正东行驶沿 x 轴正向，其感觉为南风沿 y 轴正向，故有牵连速度及风的相对速度为：

$$
\boldsymbol{u}_1 = u_1 \boldsymbol{i} = 10\boldsymbol{i}(\mathrm{m} \cdot \mathrm{s}^{-1})
$$
$$
\boldsymbol{v}_1' = v_{1y}'\boldsymbol{j} \tag{1.10.2}
$$

由（1.10.1）式得到风的绝对速度：

$$
\boldsymbol{v} = v_x\boldsymbol{i} + v_y\boldsymbol{j} = \boldsymbol{v}_1' + \boldsymbol{u}_1 = u_1\boldsymbol{i} + v_y'\boldsymbol{j} \tag{1.10.3}
$$

于是得到风绝对速度的两个分量为：

$$
v_x = u_1 = 10(\mathrm{m} \cdot \mathrm{s}^{-1}), \quad v_y = v_{1y}'
$$

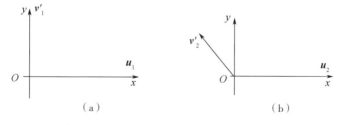

1.10 题用图

（2）骑车运动员速率为 $15\mathrm{m} \cdot \mathrm{s}^{-1}$ 时，如题 1.10 图 b 所示，骑车运动员向正东行驶沿 x 轴正向，感觉为东南风沿与 y 轴正向夹角 45°，故有牵连速度为：

$$\boldsymbol{u}_2 = u_2\boldsymbol{i} = 15\boldsymbol{i}\,(\mathrm{m \cdot s^{-1}})$$

由式（1.10.1）得到风的绝对速度为：

$$\boldsymbol{v} = (u_2 + v'_{2x})\boldsymbol{i} + v'_{2y}\boldsymbol{j} \tag{1.10.4}$$

将式（1.10.4）、（1.10.3）两式比较得到：

$$u_2 + v'_{2x} = u_1 \Rightarrow v'_{2x} = u_1 - u_2 = -5(\mathrm{m \cdot s^{-1}})$$

由题意风相对骑车运动员为东南风，故有：

$$-v'_{2x} = v'_{2y} = 5(\mathrm{m \cdot s^{-1}}) \tag{1.10.5}$$

得到此时风的相对速度为：

$$\boldsymbol{v}'_2 = v'_{2x}\boldsymbol{i} + v'_{2y}\boldsymbol{j} = -5\boldsymbol{i} + 5\boldsymbol{j}\,(\mathrm{m \cdot s^{-1}}) \tag{1.10.6}$$

最后由式（1.10.4）、（1.10.5）得到风的绝对速度速为：

$$\boldsymbol{v} = v_x\boldsymbol{i} + v_y\boldsymbol{j} = 10\boldsymbol{i} + 5\boldsymbol{j}\,(\mathrm{m \cdot s^{-1}}) \tag{1.10.7}$$

或表示为：

$$\left.\begin{array}{l} v = |\boldsymbol{v}| = \sqrt{10^2 + 5^2} = 11.2(\mathrm{m \cdot s^{-1}}) \\[2mm] \tan\varphi = \dfrac{v_y}{v_x} = \dfrac{5}{10} = 0.5 \Rightarrow \varphi = 27° \end{array}\right\} \tag{1.10.8}$$

总结：

（1）式（1.10.2）是运动员速率为 $10\mathrm{m \cdot s^{-1}}$ 时风的相对速度，且此时相对运动员为南风。

（2）式（1.10.6）是运动员速率为 $15\mathrm{m \cdot s^{-1}}$ 时风的相对速度，且此时相对运动员为东南风。

（3）式（1.10.7）、（1.10.8）为风的绝对速度，即风相对基本参照系的速度。

（4）对于此类习题，首先要适当选取基本参照系和运动参照系，再分清三种运动相对应的物理量，然后由已知及三种速度的关系式伽利略速度变换 $\boldsymbol{v} = \boldsymbol{v}' + \boldsymbol{v}_0$ 求解。

第 2 章　牛顿定律

内容总结

2.1　教学基本要求

（1）掌握万有引力、重力、弹性力和摩擦力等常见力的性质及受力分析方法。

（2）理解牛顿三定律的基本内容及其适用范围。

（3）掌握运用牛顿定律分析动力学问题的思路和解决方法。

（4）掌握应用微积分方法求解变力作用下的质点动力学问题。

2.2　学习指导

本章主要以牛顿定律为基础阐述力对物体的作用规律，其中包括研究物体间的相互作用，以及求解由于该作用所产生物体运动状态变化的规律。值得强调的是，参照系可分为惯性系和非惯性系，牛顿定律仅适用于惯性系及宏观低速运动物体。在质点运动历时较短且精度要求不高的条件下，地球、地面或地面建筑物均可近似作为惯性系。另外应当注意的是，牛顿第二定律仅适用于质点，工程技术及日常生活中研究物体的运动规律，若物体可近似视为质点，即可应用该定律讨论其近似结果。值得注意的是，牛顿第二定律所给出的微分方程，最高阶为二阶微分方程，因此要尽快掌握应用微积分方法求解动力学问题的思路和方法，为电磁学等应用较复杂的微积分计算奠定扎实的数学基础。

2.2.1　内容提要

（1）牛顿三定律：第一定律、第二定律、第三定律。

（2）四种常见力：万有引力、重力、弹性力、摩擦力。

（3）两类基本问题：第一类为已知质点运动状态求解其受力，第二类为已知质点受力求解其运动状态。

2.2.2 重点解析

（1）牛顿第一定律：该定律蕴含两个重要概念，惯性和力。该定律指出任何物体都具有惯性，还指出力是物体间的相互作用，是改变物体运动状态的根本原因。第一定律成立的参照系称为惯性系。

（2）牛顿第二定律：质点所受合力等于其动量随时间的变化率。该定律仅适用于低速宏观的质点，且只可用于惯性系，该定律给出的是瞬时关系式。

（3）牛顿第三定律：该定律指出物体间的作用具有相互作用的特性，作用力和反作用力总是同时产生、同时消失，且属于同种性质的力，并分别作用于不同物体。

（4）坐标系的选用：对于质点曲线、曲面的动力学问题，一般优先考虑自然坐标系，个别情况可以应用平面直角坐标系，对于空间曲线动力学问题才考虑空间直角坐标系。对于质点沿直线的动力学问题，首选 x 轴或 y 轴坐标系。

（5）受力分析：在选定研究对象基础之上，受力分析是解决动力学问题的基础，因此要给予足够的重视。要分清研究对象所受已知力和未知力，千万不要把已知力、未知力混淆，以免增加未知量数目，造成求解困难或者无法求解的局面。即便是力的方向已知，也不要遗漏，应当将受力分析的结果以清晰的受力图表出，然后根据受力图写出牛顿定律矢量式，再由矢量式写出选定坐标系的投影式。

2.2.3 质点动力学问题基本解题步骤

（1）选定研究对象。

（2）选定惯性系并建立适当的坐标系。

（3）应用隔离体法分析质点受力并画出受力图。

（4）由受力图列出牛顿定律矢量式，继而写出选定坐标系的投影式。

（5）联立诸方程求解。

（6）对结果展开讨论。

问题分析解答与讨论应用

2.1　一粒小冰雹自相对地面静止的冰雹云外圈以初速为零下落，其相对地面的速度如下式所述，其中 g 为重力加速度的数值、c 为大于零的常量，且已选择冰雹下落处为坐标原点，垂直地面向下为 y 轴正方向。试求其下落过程所受空气阻力。

$$\boldsymbol{v} = v_y\boldsymbol{j} = \frac{\mathrm{d}y}{\mathrm{d}t}\boldsymbol{j} = gc(1 - e^{-\frac{t}{c}})\boldsymbol{j}\,(\mathrm{m \cdot s^{-1}})$$

解：分析　本题属于动力学第一类问题，应用求导方法及牛顿第二定律可解。由题意知，冰雹的下落可视为质点直线运动，而且已知冰雹一维直角坐标系中的速度。取地面为惯性系，下落冰雹受到重力 $m\boldsymbol{g}$、空气阻力 $\boldsymbol{f}$ 的作用，由题意建立如题 2.1 图所示坐标系，并画出受力图，将所给速度直接对时间变量求一次导数，然后代入牛顿第二定律得到：

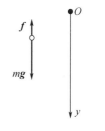

2.1 题用图

$$\frac{\mathrm{d}y}{\mathrm{d}t} = gc\left(1 - \mathrm{e}^{-\frac{t}{c}}\right) = v_y \Rightarrow \frac{\mathrm{d}^2 y}{\mathrm{d}t^2} = \left(g - \frac{v_y}{c}\right) \tag{2.1.1}$$

$$\boldsymbol{F} = m\boldsymbol{a} = mg\boldsymbol{j} + f\boldsymbol{j} = m\frac{\mathrm{d}^2 y}{\mathrm{d}t^2}\boldsymbol{j} \Rightarrow mg + f = m\left(g - \frac{v_y}{c}\right)$$

$$\Rightarrow \boldsymbol{f} = -m\frac{v_y}{c}\boldsymbol{j} = -\gamma v_y\boldsymbol{j} \tag{2.1.2}$$

讨论与应用：

（1）动力学第一类问题，为已知质点运动状态求其受力的问题，如 1.3 题已知彗星相对太阳系某点 O 的运动方程，若作为动力学第一类问题，可求得彗星所受力为万有引力。

（2）由上述所得结果可知，下落冰雹所受空气阻力与其速率成正比，但与其速度始终反方向。

（3）为便于教学演示自由落体运动，以及测量物体在空气中下落所受阻力，本教学团队指导山东交通学院理学院本科生研制成功"对称式牛顿管演示装置"，利用遥控电磁铁精确控制下落物体的初始条件，采用对称式牛顿管双管对比演示自由落体运动，实现了智能化测量及屏幕即时显示测量数据。该装置可用于自由落体运动的演示、物体在空气中自由下落加速度及所受阻力的测量，该装置于 2010 年获得"第二届山东省大学生科技节物理科技创新大赛"二等奖，相关论文"对称式牛顿管演示装置"，已于 2013 年《物理与工程》第 5 期发表。

2.2　越野车及驾驶员总质量为 $1.5 \times 10^3 \mathrm{kg}$，该车以 $36\mathrm{m} \cdot \mathrm{s}^{-1}$ 的速率在平直的高速公路作刹车试验，若设其刹车制动力与时间成正比，比例系数 $k = 3000\mathrm{N} \cdot \mathrm{s}^{-1}$，试求：

（1）越野车从开始制动到停止行驶所需时间。

（2）越野车的刹车距离。

解：分析　本题为动力学第二类问题。机动车辆刹车时受到制动力的作用，达到减速或停止运动的目的，由牛顿定律可求出其加速度，再应用运动学第二类问题积分方法求解，即可求得由制动到停止所需时间及刹车距离。选取公路为惯性系，开始制动处为坐标原点，越野车直线行驶方向为 x 轴正向，建立如题 2.2 图所示坐标系并画出受力图。于是得到越野车从制动到停止所需时间、刹车距离分别为：

$$f = -kt = ma \Rightarrow -3000t = 1500\frac{\mathrm{d}v}{\mathrm{d}t} \Rightarrow -2t\mathrm{d}t = \mathrm{d}v$$

$$\Rightarrow \int_0^t -2t\mathrm{d}t = \int_{36}^v \mathrm{d}v \Rightarrow v = 36 - t^2 \tag{2.2.1}$$

$$v = 0 \Rightarrow t = 6(\mathrm{s}) \tag{2.2.2}$$

$$x = \int_0^6 v\mathrm{d}t = \int_0^6 (36 - t^2)\mathrm{d}t = \left(36t - \frac{1}{3}t\right)^3 \bigg|_0^6 = 144(\mathrm{m}) \tag{2.2.3}$$

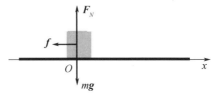

2.2 题用图

总结：

（1）由本题求解过程得到结论，由牛顿第二定律出发，对时间积分一次得到越野车速度随时间的变化关系，由速度再对时间积分一次得到越野车位置随时间的变化关系，这正是动力学第二类问题的特点。

（2）由式（2.2.1）可知 $a = a(t)$，故越野车的制动过程为变加速过程。

2.3 质量为 m 的子弹以速度 v_0 水平射入沙丘，设子弹所受阻力与速度反向，大小与速度成正比，比例系数为 k，忽略子弹重力。试求：

（1）子弹射入沙丘后速度随时间变化关系。

（2）子弹进入沙丘的最大深度。

解：分析 本题属于动力学第二类问题，已知受力求其运动情况，故由牛顿第二定律积分可解。取子弹为研究对象并视为质点，选地面为惯性系，子弹前进方向为 Ox 轴正向，坐标原点 O 位于子弹初态处，建立坐标系如题 2.3 图所示。由题意忽略其重力，子弹仅受水平阻力作用，且 $f = -kv$，得到如题 2.3 图所示受力图，于是解得子弹速度随时间变化关系、进入沙丘最大深度分别为：

$$(1) f = -kv = ma = m\frac{\mathrm{d}v}{\mathrm{d}t} \Rightarrow -\frac{k}{m}\mathrm{d}t = \frac{\mathrm{d}v}{v} \Rightarrow \int_{v_0}^v \frac{\mathrm{d}v}{v} = \int_0^t -\frac{k}{m}\mathrm{d}t$$

$$\Rightarrow v = v_0 \mathrm{e}^{-\frac{k}{m}t} \tag{2.3.1}$$

(2) $H = \int_0^\infty v_0 \mathrm{e}^{-\frac{k}{m}t} \mathrm{d}t = \mathrm{e}^{-\frac{k}{m}t} \left(-\frac{mv_0}{k} \right) \Big|_0^\infty = \frac{mv_0}{k}$ (2.3.2)

2.3 题用图

说明：由式（2.3.1）分离变量再次积分得到式（2.3.2）。

2.4　摩托快艇在平静的湖面行驶，设所受摩擦阻力与其速率平方成正比，若司乘人员及快艇总质量为 m，试求加速至速率 v_0 关闭发动机后：

（1）其速率 v 随时间 t 的变化规律。

（2）其位移 x 随时间 t 的变化规律。

（3）其速率 v 与位移 x 的变化规律。

解：**分析**　本题为已知快艇受力求其运动状态的问题，为动力学第二类问题。由题意选择湖岸为惯性系，以快艇发动机关闭地点为坐标原点，如题 2.4 图所示沿其运动方向建立 x 轴正向的坐标系。由题意设快艇水平方向的摩擦阻力 $f = -kv^2$，由牛顿第二定律出发，可求得关闭发动机后其速率、位移随时间 t 的变化规律，以及其速率与位移间变化规律分别为：

2.4 题用图

（1）$f = -kv^2 = ma = m\dfrac{\mathrm{d}v}{\mathrm{d}t} \Rightarrow -\dfrac{k}{m}\mathrm{d}t = \dfrac{\mathrm{d}v}{v^2}$

$\Rightarrow \int_0^t -\dfrac{k}{m}\mathrm{d}t = \int_{v_0}^v \dfrac{\mathrm{d}v}{v^2} \Rightarrow v = \left(\dfrac{k}{m}t + \dfrac{1}{v_0} \right)^{-1}$ (2.4.1)

（2）$v = \dfrac{\mathrm{d}x}{\mathrm{d}t} \Rightarrow \int_0^x \mathrm{d}x = \int_0^t v\mathrm{d}t \Rightarrow x = \dfrac{m}{k}\ln \left(\dfrac{k}{m}v_0 t + 1 \right)$ (2.4.2)

（3）$f = -kv^2 = ma = m\dfrac{\mathrm{d}v}{\mathrm{d}x}\dfrac{\mathrm{d}x}{\mathrm{d}t} \Rightarrow -\dfrac{k}{m}\mathrm{d}x = \dfrac{\mathrm{d}v}{v}$

$\Rightarrow -\dfrac{k}{m}\int_0^x \mathrm{d}x = \int_{v_0}^v \dfrac{\mathrm{d}v}{v} \Rightarrow v = v_0 \mathrm{e}^{-\frac{k}{m}x}$ (2.4.3)

总结：题 2.3、题 2.4 均为运动物体与其速率有关的阻力问题，其速率的变化规律也均为指数函数形式，但是其自变量相异。值得注意的是，与物体速率有关的阻力问题，其阻力方向均与其速度方向相反。

2.5 设越野货车匀速率行驶在路面水平的公路上，若汽车转弯处轨道的半径为 R，轮胎与路面间的静摩擦系数为 μ_0，要使该货车不发生侧向滑动，试求其在该处的安全行驶速率。

解：分析 本题可视为质点匀速率圆周运动的动力学问题，为动力学第二类问题，可应用牛顿第二定律及自然坐标系求解。由题意选取地面为惯性系，建立如题 2.5 图所示自然坐标系，其切向单位矢量沿货车速度方向，法向单位矢量指向轨道圆心。货车转弯时受到重力、滑动摩擦力和地面支撑力作用如题 2.5 图所示。货车在水平面内匀速率圆周运动，转弯时速率较大可能发生侧向滑动，侧滑时货车受到指向轨道圆心的滑动摩擦力 $\boldsymbol{F}_f$、对应速率 v，为保证转弯时不发生侧向滑动现象，滑动摩擦力应小于安全行驶时产生法向加速度的最大静摩擦力 $\boldsymbol{F}_{f0\max}$，于是得到：

$$F_{f0\max} = \mu_0 mg \tag{2.5.1}$$

$$F_f = ma_n = m\frac{v^2}{R} < F_{f0\max} \tag{2.5.2}$$

$$v < \sqrt{\mu_0 gR} \tag{2.5.3}$$

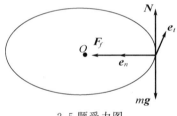

2.5 题受力图

讨论与应用：

（1）机动车辆在水平面内作匀速率圆周运动，安全行驶时静摩擦力提供法向加速度。转弯速率较大发生侧向滑动时，由滑动摩擦力产生法向加速度。故滑动摩擦力小于安全行驶产生法向加速度的最大静摩擦力，就可以保证机动车辆转弯时不发生侧向滑动现象。式（2.5.3）为机动车辆在水平路面匀速率圆周运动避免侧滑的安全行驶速率，该速率与车辆转弯半径，以及车轮与水平路面间的静摩擦系数有关。然而，静摩擦系数又与相互接触两物体表面材料的物理性质，以及两接触表面的湿度、温度、粗糙度等因素有关。因此，雨雪天气、冰冻路面、老旧轮胎等不利因素，使得车辆转弯时危险性增加。

（2）以上讨论仅局限于机动车辆转弯行驶速率过大，以致发生侧向滑动造成的交通事故。其实，机动车辆转弯行驶速率过大发生侧翻，可能造成更严重后果。避免侧翻的安全行驶速率，与车辆重心高度、轮距，以及车辆转弯半径等因素均有关系，例如城市道路交叉口转弯半径标准控制为主干道 20～30m、次干道 15～20m、非主次道路 10～20m。车辆转弯半径当然受到道路转弯半径制约，但是，机动车驾驶员还是应当在此制约下，尽量选择较大半径转弯。

（3）综上所述，驾驶机动车辆转弯时应尽量低速行驶，正常路况转弯避免侧滑的安全行驶速率参考值为 20～30km·h^{-1}。若是雨雪天气路面较湿滑，以及路面有积水、油渍、结冰等特殊路况，或者车辆载重量较大、所载货物较高、道路转弯半径较小等特殊状况，就必须尽量降低行驶速率，并且尽可能选择较大转弯半径的行车轨迹，以确保安全。

2.6　质量为 m 的越野滑雪运动员，沿如题 2.6 图所示圆弧形滑道，由静止自最高点滑下，试讨论其受力情况。

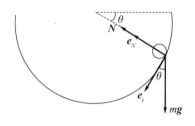

2.6 题受力图

解：分析本题属于质点圆周运动的动力学问题，应用牛顿第二定律及自然坐标系求解较为方便。选地面为惯性系，沿圆弧滑道建立自然坐标系，运动员滑动过程所受重力 $m\boldsymbol{g}$ 及滑道支持力 $\boldsymbol{N}$ 作用，受力图如题 2.6 图所示，由题意知得到支持力随运动员滑动过程的变化规律即可。于是由牛顿第二定律得到：

$$m\boldsymbol{g} + \boldsymbol{N} = m\boldsymbol{a} \Rightarrow \left. \begin{array}{l} mg\cos\theta = ma_t = m\dfrac{\mathrm{d}v}{\mathrm{d}t} \\[2mm] N - mg\sin\theta = ma_n = m\dfrac{v^2}{R} \end{array} \right\} \qquad (2.6.1)$$

$$N = m\frac{v^2}{R} + mg\sin\theta \qquad (2.6.2)$$

讨论与应用：

（1）运动员沿滑道由静止下滑至最低点的过程对应角度为 $0 \leqslant \theta \leqslant \dfrac{\pi}{2}$，故由式（2.6.1）、（2.6.2）可知，运动员切向加速度始终大于零，于是速率和法向加速度逐渐变大，所以滑道给予运动员的支持力也逐渐变大，运动员到达滑道底端时支持力最大，速率最大。同理可知运动员到达底端再沿滑道向上运动至最高点的过程对应角度为 $\frac{\pi}{2} \leqslant \theta \leqslant \pi$，于是速率和法向加速度逐渐变小，故支持将逐渐变小，当 $\theta = \pi$ 时支持力为零，速率为零。

（2）本题也可以由式（2.6.1）第一式解得 $v = v(\theta)$，代入式（2.6.2）得到 $N = N(\theta)$，再对其分析。当然，由机械能守恒定律出发也可以解得 $v = v(\theta)$，第 3 章将详细讨论此类解决力学问题的方法。

（3）自 1924 年越野滑雪被列为首届冬奥会比赛项目，至今已有九十余年历史。作为滑雪运动员了解（1）所述讨论内容，就可以理论指导实践，主动发挥自身优势，充分利用客观条件，获得较理想的竞赛成绩。

2.7　设质量 $m = 0.5\text{kg}$ 的苹果，其初始位置距地球表面约 $h = 0.5\text{km}$，已知地球质量 $M_E = 5.98 \times 10^{24} \text{kg}$。若苹果自由下落，试求该过程地球向苹果运动的距离。

解： 分析　本题由万有引力定律出发可解。选取太阳中心为惯性系及 Ox 轴坐标原点，建立如题 2.7 图所示坐标。由于苹果、地球之间万有引力作用，地球具有向苹果运动的加速度 $a = G\dfrac{m}{r^2}$，同理苹果也具有向地球运动的的加速度 $a' = -G\dfrac{M_E}{r^2}$，设两者均为匀加速直线运动，于是得到两者加速度数值之比为：

$$\frac{a}{a'} = \frac{m}{M_E} \tag{2.7.1}$$

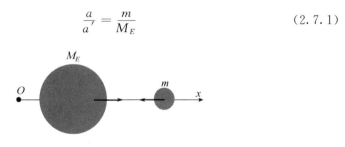

2.7 题受力图

由于苹果落地时间等于地球移动时间，故 $t' = t$，两者移动距离之比为：

$$\frac{H}{H'} = \frac{\dfrac{1}{2}at^2}{\dfrac{1}{2}a't'^2} = \frac{a}{a'} = \frac{m}{M_E} \tag{2.7.2}$$

于是可得，两者可移动距离之和 $h = 0.5\text{km}$，及地球向苹果运动距离为：

$$H + H' = h = 0.5 \times 10^3 (\text{m}) \tag{2.7.3}$$

$$H = h \times \frac{m}{m + M_E} = 0.5 \times 10^3 \times \frac{0.5}{6 \times 10^{24} + 0.5} = 4 \times 10^{-23} (\text{m})$$

$$(2.7.4)$$

讨论：

（1）在万有引力作用下，物体之间若发生位移，则两者位移的方向相反，而位移的大小与物体的质量成反比。

（2）题中假设苹果、地球的移动均为匀加速直线运动，主要考虑到地球半径较大，两者移动量较小，故不计两者间距变化，于是可视其加速度为常量。

2.8 车辆零部件机加工车间需要自动传送装置，若装置为固定于地面倾角 α 的斜面，其底边长 $l = 2.1\text{m}$，斜面摩擦系数 $\mu = 0.14$，则零部件可由其顶端自动滑至底端。试问倾角 α 设计为何值，零部件可在最短时间内沿斜面，由静止自顶端自动滑至底端。

解：分析 本题属于已知物体受力求其运动的动力学问题，其关键在于得到动力学方程及运动学方程后，解出倾角与时间函数关系 $a = a(t)$，然后运用求极值方法得结果。以斜面为惯性系，沿斜面为坐标轴 Ox，原点 O 位于斜面上端顶点处，如题 2.8 图所示。选零部件为研究对象且视为质点，受力分析如题 2.8 图所示，零部件受到斜面摩擦力 $\boldsymbol{F}_f$、重力 $m\boldsymbol{g}$ 及斜面支撑力 $\boldsymbol{N}$。由牛顿第二定律得到：

$$\boldsymbol{F}_f + \boldsymbol{N} + m\boldsymbol{g} = m\boldsymbol{a} \Rightarrow \left.\begin{array}{r} mg \sin \alpha - \mu N = ma \\ mg \cos \alpha - N = 0 \end{array}\right\} \qquad (2.8.1)$$

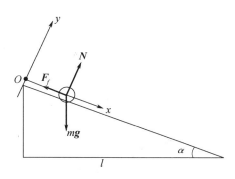

2.8 题用图

于是可知，零部件受力沿 x 轴投影为常量，故其在斜面上作匀变速直线运动，故有：

$$x = \frac{1}{2}at^2 = \frac{l}{\cos \alpha} = \frac{1}{2}g(\sin \alpha - \mu\cos \alpha)t^2 \tag{2.8.2}$$

$$t = \sqrt{\frac{2l}{g\cos \alpha(\sin \alpha - \mu\cos \alpha)}} \tag{2.8.3}$$

求极值得到：

$$\frac{\mathrm{d}t}{\mathrm{d}\alpha} = -\frac{l}{g}\frac{(\cos 2\alpha + \mu\sin 2\alpha)}{(\cos\alpha\sin\alpha - \mu\cos^2\alpha)^2} = 0$$

$$\Rightarrow \cos 2\alpha + \mu\sin 2\alpha = 0 \tag{2.8.4}$$

$$\tan 2\alpha = -\frac{1}{\mu} \Rightarrow \alpha = 49°, t_{\min} = 0.99(\mathrm{s}) \tag{2.8.5}$$

讨论与总结：

（1）由式（2.8.1）得到结论，零部件沿斜面作匀变速直线运动。

（2）求得零部件运动时间与斜面倾角的函数关系后，求最短时间就归结为求解极值问题。

（3）与质点运动学问题类似，质点动力学问题一般也分为两类，一是已知质点运动情况分析其受力，二是已知质点受力求其运动情况，本题属于后者。

2.9　建筑工地的吊车将甲、乙两块混凝土预制板吊起至高空如题2.9图a所示。甲、乙质量分别为 $m_1 = 2.0 \times 10^2\,\mathrm{kg}$、$m_2 = 1.0 \times 10^2\,\mathrm{kg}$。吊车、框架和钢丝绳的质量均不计，试求以下两种情况，钢丝绳所受张力及乙对甲的作用力，并由计算结果讨论，人力拉动飞机前进时，为何最艰难的时刻为其刚启动时刻。

（1）甲、乙均以 $10.0\,\mathrm{m \cdot s^{-2}}$ 的加速度上升。

（2）甲、乙均以 $1.0\,\mathrm{m \cdot s^{-2}}$ 的加速度上升。

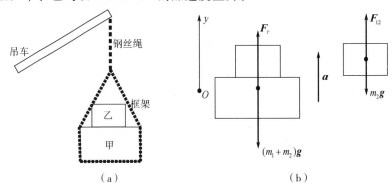

（a）　　　　　　　　（b）

2.9题用图

解：分析 本题属于物体系动力学问题。甲、乙预制板可视为物体系，处理物体系动力学问题常采用"隔离体"方法，分析物体所受各种作用力，然后选定惯性系列出其动力学方程求解，于是结合各物体间的相互作用和联系，可求解物体的运动或相互作用力。选取地面为惯性系，竖直向上为 Oy 轴正方向，坐标原点 O 位于甲初态处如题 2.9 图 b 所示。取甲、乙两者为一体，再将两者采用"隔离体"方法隔离，作受力图如题 2.9 图 b，当框架以加速度 a 上升时解得：

$$\boldsymbol{F} = m\boldsymbol{a} \Rightarrow mg\boldsymbol{j} + f\boldsymbol{j} = m\frac{\mathrm{d}^2 y}{\mathrm{d}t^2}\boldsymbol{j} \Rightarrow mg + f = m\left(g - \frac{v_y}{c}\right)$$

$$\Rightarrow \boldsymbol{f} = -m\frac{v_y}{c}\boldsymbol{j} = -\gamma v_y \boldsymbol{j}$$

$$F_T - (m_1 + m_2)g = (m_1 + m_2)a \tag{2.9.1}$$

$$F_{12} - m_2 g = m_2 a \tag{2.9.2}$$

$$\boldsymbol{F}_T = (m_1 + m_2)(g+a)\boldsymbol{j} \tag{2.9.3}$$

$$\boldsymbol{F}_{12} = m_2(g+a)\boldsymbol{j} \tag{2.9.4}$$

当装置以加速度 $a = 10\mathrm{m} \cdot \mathrm{s}^{-2}$、$1.0\mathrm{m} \cdot \mathrm{s}^{-2}$ 上升时，由式（2.9.2）、（2.9.3）解得绳子张力及乙对甲的作用力分别为：

$$\text{（1）} \qquad \boldsymbol{F}_T = 5.94 \times 10^3 \boldsymbol{j}(\mathrm{N}) \tag{2.9.5}$$

$$\boldsymbol{F}_{12} = -m_2(g+a)\boldsymbol{j} = -1.98 \times 10^3 \boldsymbol{j}(\mathrm{N}) \tag{2.9.6}$$

$$\text{（2）} \qquad \boldsymbol{F}_T = 3.24 \times 10^3 \boldsymbol{j}(\mathrm{N}) \tag{2.9.7}$$

$$\boldsymbol{F}_{12} = -m_2(g+a)\boldsymbol{j} = -1.08 \times 10^3 \boldsymbol{j}(\mathrm{N}) \tag{2.9.8}$$

讨论与应用：

（1）当大力士拉动飞机开始启动时，飞机加速度的数值最大，应用式（2.9.3）可知，此刻拉绳的张力最大，也就是大力士的拉力达到极大值，故此刻难度最大。一旦飞机移动，其加速度便下降，此时即便拉力减小，也能拉动飞机前行。例如维持飞机匀速直线运动，就可以实现拉力为极小值。

（2）同理，起吊相同重量的物体时，由于起吊加速度不同，钢丝绳张力也不同。当起吊加速度增大时，钢丝绳张力也增大。故为安全考虑，实际操作过程起吊加速度应尽可能减小，对于载人电梯，曳引钢丝绳拖动轿厢上升的加速度也不易过大，同样是考虑到尽可能减小钢丝绳张力的缘故。读者可以检索查阅，以便获得更多同类实例，增加知识积累。

2.10 如题 2.10 图所示 A 为定滑轮，B 为动滑轮，三个物体的质量分别为 $m_1 = 200\mathrm{g}$，$m_2 = 100\mathrm{g}$，$m_3 = 50\mathrm{g}$，滑轮及绳的质量及摩擦力均忽略不计。试求：

（1）每个物体的加速度。

（2）两根钢丝绳的张力 T_1、T_2。

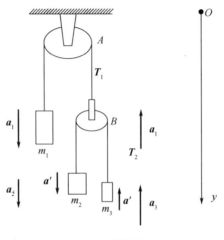

2.10 题用图

解：分析 本题为质点系动力学问题，可应用牛顿第二定律结合隔离体法求解，还要涉及相对运动加速度变换关系式。以定滑轮 A 作为惯性系，选择固定于定滑轮竖直向下为 y 轴正向，设 m_1、m_2、m_3 的绝对加速度大小分别为 a_1、a_2、a_3，且 a_1、a_2 方向竖直向下，a_3 方向竖直向上。动滑轮 B 与 m_1 相连其绝对加速度大小为 a_1，方向竖直向上。对物体 m_1、m_2、m_3 受力分析如题 2.10 图所示，由牛顿第二定律得到：

$$m_1 g - T_1 = m_1 a_1 \tag{2.10.1}$$

$$m_2 g - T_2 = m_2 a_2 \tag{2.10.2}$$

$$T_2 - m_3 g = m_3 a_3 \tag{2.10.3}$$

$$T_1 - 2T_2 = 0 \tag{2.10.4}$$

取地面或定滑轮 A 为基本参照系 S，动滑轮 B 为运动参照系 S'。相对动滑轮 B，m_2、m_3 的相对加速度大小相等方向相反，如题 2.10 图所示用 a' 表示 m_2、m_3 相对于动滑轮 B 的相对加速度大小，于是由 S、S' 系加速度变换关系式得到：

$$a_2 = a' - a_1 \tag{2.10.5}$$

$$a_3 = a' + a_1 \tag{2.10.6}$$

联立式（2.10.1）~（2.10.6）解得：

$$a_1 = 1.96(\mathrm{m \cdot s^{-2}}), \quad a_2 = 1.96(\mathrm{m \cdot s^{-2}}), \quad a_3 = 5.88(\mathrm{m \cdot s^{-2}})$$

$$\tag{2.10.7}$$

$$T_1 = 0.16g = 1.568(\text{N}), T_2 = 0.08g = 0.784(\text{N}) \qquad (2.10.8)$$

说明：牛顿定律只适用于惯性参考系，本题对 m_1、m_2、m_3 列出动力学方程，就是选定滑轮 A 为惯性系。值得注意的是，在求解过程中假设了 $\boldsymbol{a}_1$、$\boldsymbol{a}_2$、$\boldsymbol{a}_3$ 的方向，求出结果 a_1、a_2、a_3 为正值，说明加速度方向与假设相同，若求出 a_1、a_2、a_3 为负值，则说明与假设方向相反。

2.11　一轻绳跨过摩擦力可被忽略的轻滑轮，绳的一端悬挂质量 m_1 的物体，另一端穿有质量 m_2 的环如题 2.11 图 a 所示。试求：

（1）环相对绳以恒定加速度 a_2 下滑时，物体及环相对于地面的加速度。

（2）环与绳间的摩擦力。

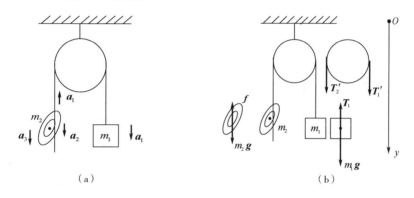

（a）　　　　　　　　　　　（b）

2.11 题用图

解：分析　本题可应用牛顿第二、三定律结合隔离体法求解，其中还要涉及相对运动加速度变换关系式。取地面为惯性系，将物体、环、滑轮及轻绳隔离后受力分析如题 2.11 图 b 所示。设物体及环相对地面绝对加速度的数值分别为 a_1、a_3，方向竖直向下，环与绳间的摩擦力为 f。选择固定于定滑轮的 y 轴竖直向下为正向，对于物体、环、滑轮及轻绳由牛顿第二、三定律得到：

$$m_1g - T_1 = m_1a_1 \qquad (2.11.1)$$

$$m_2g - f = m_2a_3 \qquad (2.11.2)$$

$$T_1' = T_2' \qquad (2.11.3)$$

$$T_2' = f, \ T_1' = T_1 \qquad (2.11.4)$$

取地面为基本参照系 S，轻绳为运动参照系 S'，由式（2.11.3）、（2.11.4）及 S、S' 系加速度变换关系式得到：

$$T_1 = f \qquad (2.11.5)$$

$$a_3 = a_2 - a_1 \qquad (2.11.6)$$

联立方程式（2.11.1）、（2.11.2）、（2.11.5）和（2.11.6），得到物体及环相对地面的加速度数值，以及环与绳间的摩擦力分别为：

$$a_1 = \frac{(m_1 - m_2)g + m_2 a_2}{m_1 + m_2} \qquad (2.11.7)$$

$$a_3 = \frac{(m_1 - m_2)g - m_1 a_2}{m_1 + m_2} \qquad (2.11.8)$$

$$f = \frac{m_1 m_2 (2g - a_2)}{m_1 + m_2} \qquad (2.11.9)$$

说明与讨论：

（1）a_1、a_3 为物体和环相对地面 S 系的绝对加速度，$-a_1$ 为穿环处轻绳 S' 系相对地面 S 系的牵连加速度，a_2 为环相对轻绳 S' 系的相对加速度。

（2）式（2.11.6）为本问题的 S、S' 系加速度变换关系式。

（3）若有兴趣，还可以继续讨论张力与物体加速运动的关系。

第3章　动力学基本定理与守恒定律

内容总结

3.1　教学基本要求

（1）理解动量、冲量、功、角动量、势能、质心等基本概念。

（2）掌握保守力作功的特点及变力功的计算方法，以及万有引力等保守力势能的计算方法。

（3）掌握动量定理、动能定理、角动量定理、功能原理及运用守恒定律分析解决问题的思路和方法。

（4）了解完全弹性碰撞和完全非弹性碰撞的特点，并能处理简单的碰撞问题。

（5）了解质心运动定律。

3.2　学习指导

本章主要研究力对时间的累积作用和力对空间的累积作用。在力的持续作用下对物体产生的累积作用分为两大类，在工程技术领域有诸多应用。力对时间的累积作用由冲量描述，导致质点的动量变化，对应质点动量定理。力对空间的累积作用由功描述，导致质点的动能变化，对应质点动能定理。力矩对时间的累积作用由冲量矩描述，导致质点的角动量变化，对应质点角动量定理。总之，在力和力矩的累积作用下，质点或质点系的动量、角动量、能量将发生变化或转移。在一定条件下，质点或质点系的动量、角动量和机械能遵从守恒定律。应用守恒定律处理力学问题不必深究物理过程的细节，即可由初始条件得到过程结束时的运动状态等。故解决工程技术问题聪明的做法是，优先考虑守恒定律，然后才是其他。角动量守恒定律、动量守恒定律及能量守恒定律是自然界的基本规律，即适用于宏观和微观领域，也适用于场和实物，因此较牛顿定律具有更广泛的应用范围。

3.2.1　内容提要

（1）五类物理量：动量、冲量、角动量、功、保守力。

（2）四个规律：动量定理、角动量定理、动能定理、功能原理。

（3）四个守恒定律：动量守恒定律、角动量守恒定律、机械能守恒定律、能量守恒定律。

3.2.2　重点解析

（1）质点系动量定理：作用于质点系的合外力的冲量等于质点系总动量的增量。对质点系而言，内力对质点系总动量的变化没有影响，但内力对系统内单个质点动量的变化有作用。

（2）质点系动量守恒定律：当质点系所受合外力为零时，系统的总动量保持不变。应用该定律解决问题时应当注意：各质点的动量必须相对于同一惯性参考系。外力远小于质点系内力，或者外力不太大且作用时间较短，以致形成的冲量较小时，质点系总动量近似守恒。若系统所受合外力的矢量和不为零，但在某个方向上的分量为零，此时系统的总动量不守恒，但在该方向的分动量守恒。

（3）质点角动量守恒定律：若相对于惯性系某参考点，质点所受合力矩为零，则质点对该参考点的角动量保持不变。应当注意的是，质点角动量守恒的条件是相对于该参考点的合力矩为零。对此有两种情况：一种是合力为零，另一种是合力虽不为零，但合力的力臂为零，故合力矩为零。

（4）质点系动能定理：质点系总动量的改变与质点间的内力无关，但质点系总动能的改变不仅与外力有关还与内力有关。

（5）质点系功能原理：功和能量既有联系又有区别。功总是与能量的变化和转换相联系，是能量变化和转化的一种量度，而能量仅代表质点系在一定状态下所具有的做功本领。质点系的动能定理和功能原理从不同角度反映了功与系统能量变化的关系。具体应用时应根据不同研究对象和力学环境合理选择使用。

（6）质心运动定律：研究由众多质点所组成的系统时，质心概念十分重要。

3.2.3　基本解题步骤

（1）质点动量定理基本解题步骤：

①选定惯性系，建立坐标系。

②确定研究对象及过程初末态动量，受力分析并作图。

③由定理列方程，求解并讨论。

（2）质点动能定理基本解题步骤：

①选定惯性系，建立坐标系，确定研究对象及受力分析。

②计算合力的功或分力功的代数和。

③确定初、末态动能，由定理列方程，求解并讨论。

（3）质点角动量定理基本解题步骤：

①选定惯性系及参考点，建立坐标系。

②受力分析，计算合力相对参考点的力矩或分力相对参考点分力矩的和，确定研究对象初末态相对于参考点的角动量。

③由定理列方程，求解并讨论。

（4）守恒定律基本解题步骤：

①确定研究系统，选定惯性系以及参考点，建立坐标系。

②对系统分析，确定满足守恒定律条件。

③确定系统初末状态物理量，应用守恒定律求解并讨论。

问题分析解答与讨论总结

3.1 我国高校新生军训活动使用自动步枪实弹射击训练，若每秒水平射出 3 颗子弹，出枪口速率 $200\mathrm{m\cdot s^{-1}}$，每颗子弹质量 20g，试求新生射击时自动步枪所受平均冲力。

解：分析 本题由动量定理及牛顿第三定律可解。首先选定子弹为研究对象且视为质点，取地面为惯性系，由动量定理可求得子弹所受平均冲力，再由牛顿第三定律得到其反作用力。设子弹位于弹膛处为坐标原点，如题 3.1 图所示，子弹于枪膛内水平运动方向为 x 轴正向，其初态静止于弹膛处速度为零，末态对应射出枪口速度。则从发射到射出枪口子弹及自动步枪所受平均冲力分别为：

3.1 题用图

$$\overline{F} = \overline{F}_x = \frac{mv_x - mv_{x0}}{\Delta t} = \frac{20 \times 10^{-3} \times 200 - 0}{\frac{1}{3}} = 12(\mathrm{N})$$

$$\Rightarrow \overline{F} = 12\boldsymbol{i}(\mathrm{N}) \tag{3.1.1}$$

$$\overline{F}' = -\overline{F} = -12\boldsymbol{i}(\mathrm{N}) \tag{3.1.2}$$

讨论与应用：

（1）应用动量定理求解要适当选定研究对象的初、末状态，一般是已知一个状态求其他状态。

（2）新生射击时自动步枪所受平均冲力为式（3.1.2）所示结果。虽然平均冲力不是冲力的精确描述，但对于许多实际问题，此类近似描述可以基本满足实际需求。

（3）射击时枪支所受平均冲力对于持枪者可产生疼痛感，也可造成枪身移动，此类因素均影响命中率。解决的基本方法是，击发时将枪托紧靠人体，在所受平均冲力不变的情况下，人和枪一体的质量较枪支质量增加数倍，故由牛顿第二定律知，枪支运动状态的变化将大大减小。

3.2 若锻压设备的锻锤质量 $3.0 \times 10^3 \text{kg}$，自 1.5m 高处自由下落撞击被加工工件，设作用时间 0.01s，试求锻锤所受平均冲力。

解：分析 本题由动量定理出发可解。首先选定锻锤为研究对象，自 1.5m 高处自由落下，设以速度 v_0 与被加工工件碰撞。选取地面为惯性系，如题 3.2 图所示锻锤下落处为坐标原点，竖直向下为 y 轴正向。其次再确定锻锤位于坐标原点为其初态，与工件碰撞为末态，则由动量定理可求得锻锤所受平均冲力为：

3.2 题用图

$$\overline{F} = \frac{\Delta p}{\Delta t} = \frac{mv - mv_0}{\Delta t} = \frac{0 - 3 \times 10^3 \times 5.44}{0.01} j$$
$$\Rightarrow \overline{F} = -1.63 \times 10^6 j (\text{N}) \qquad (3.2.1)$$

总结与应用：

（1）其中 $v_0 = \sqrt{2gh} j = 5.44 j (\text{m} \cdot \text{s}^{-1})$，且工件所受平均冲力为锻锤所受平均冲力的反作用力。

（2）研究平均冲力时要注意其矢量性，其大小、方向均要考虑。对于直线运动问题可用矢量表示，也可以选用正负号表示矢量方向，应用标量处理。

（3）题 3.1、题 3.2 均为关于冲力的求解，该力随时间变化关系一般未知，故常用平均冲力替代。

（4）由本题结果可以看出，此类由于物体间碰撞产生的冲力极大，因此具有较大的破坏作用，特别是高速运动物体的碰撞，常常造成灾难性后果。例如，高空坠物致人死伤事故，飞鸟与空中飞机碰撞造成的空难。质量较大的低速物体碰撞，也能产生灾难性后果。例如，海上行驶舰船碰撞造成的海难，行人与行驶车辆碰撞造成交通事故，行驶船只与桥梁、码头碰撞造成的事故等。因此，在工程技术及日常生活中，应当极力避免此类恶性事故的发生。同时，也可以应用碰撞产生的极大冲力为人类服务。例如，锻锤、打桩机、打夯机等，锤子钉钉子、砸核桃等，均为有益于人类的应用。读者可以继续检索分类，得到更大范围内碰撞的实例，为今后应用碰撞效应发明创造丰富知识储备。

3.3 质量为 2.4×10^4 kg 的运煤货车在平滑铁轨上以 $v_0 = 2.0$ m·s^{-1} 的初速率滑行，若送料车在货车上方且随其以速率 1.9 m·s^{-1} 前进，并以泄漏率 200kg·s^{-1} 装车，试求装煤 30s 后货车行进的速度。

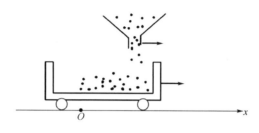

3.3 题用图

解：分析 本题应用动量守恒定律可解。首先选取铁轨为惯性系，装煤货车行进速度为 x 坐标轴正向，如题 3.3 图所示。送料车泄漏的煤初态与送料车水平方向同速，落入货车时与其碰撞，故末态与货车具有相同的水平速度。由于煤与货车在水平方向不受外力作用，故两者组成的力学系统水平方向动量守恒，于是由质点系动量守恒定律出发，可得到装煤 30s 后货车行进的速度为：

$$m_{车}v_{车} + m_{煤}v_{煤} = (m_{车} + m_{煤})v \tag{3.3.1}$$

$$v = 1.98i(\text{m·s}^{-1}) \tag{3.3.2}$$

讨论：

(1) 水平方向系统所受合外力分量为零，故该方向动量守恒。此类问题较系统所受合外力为零广泛些。

(2) 由于泄漏的煤水平速度小于货车速度，故随着煤的落入，货车速率减小，煤水平速率增加。若要保持货车速度大小不变，需要对货车施加牵引力。已知泄漏率 $k = 200$ kg·s^{-1}，可解得该水平牵引力的大小为 $F\mathrm{d}t = \mathrm{d}p = \mathrm{d}m(v_0 - v_{煤}) \Rightarrow F = 20(\text{N})$，其中 $\mathrm{d}m = k\mathrm{d}t$，由于为平滑铁轨，没有摩擦阻力，故水平牵引力数值不大。

3.4 设轻绳一端系质量 m 的质点如题 3.4 图所示，另一端受力 $\boldsymbol{F}$ 作用且穿过光滑水平桌面上小孔 O 竖直向下。初始时刻质点做速率 v、半径 r 的匀速率圆周运动，当 $\boldsymbol{F}$ 拉动轻绳垂直向下移动 $\dfrac{r}{2}$ 时，试求该质点速度 v'。

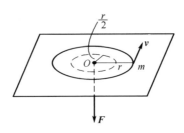

3.4 题用图

解：分析 本题由角动量守恒定律可解。首先选取地面为惯性系，以质点为研究对象，其受重力、支持力、拉力的作用，三者相对于小孔 O 的合力矩为零，故质点相对于小孔 O 角动量守恒，分别取质点速率 v、半径 r 的圆周运动为初态，轻绳垂直向下移动 $\frac{r}{2}$ 时为末态，则 F 拉动绳子向下移动 $\frac{r}{2}$ 时，质点圆周运动半径缩小为 $\frac{r}{2}$，于是由角动量守恒定律得到：

$$mvr = mv' \frac{r}{2} \Rightarrow v' = 2v\boldsymbol{e}_t \tag{3.4.1}$$

讨论：

（1）质点运动速率由 v 变为 $2v$，是拉力对质点做正功的结果。

（2）对质点的拉力为变力，可由质点动能定理计算其对质点所做功为：

$$W = \frac{1}{2}m(2v)^2 - \frac{1}{2}mv^2 = \frac{3}{2}mv^2 \tag{3.4.2}$$

3.5 设半自动步水平枪射击过程，子弹在枪膛内所受合力大小 $F = (800 - 6400x^3)\text{N}$，若质量 20g 的子弹在枪膛内行进距离 0.5m，试计算：

（1）合力对子弹所做功。

（2）子弹射出枪口的速度。

（3）合力对子弹的冲量。

解：分析 本题由质点动能定理、质点动量定理可解。选取地面为惯性系，以子弹为研究对象且视为质点，取其初态处为坐标原点，如题 3.5 图所示子弹运动方向为 x 轴正向，则有：

（1）自动步枪击过程子弹在枪膛内所受合力为变力，元功 $\text{d}W = \boldsymbol{F} \cdot \text{d}\boldsymbol{r} = F\text{d}x$，则合力对子弹做的功为：

$$W = \int_0^{0.5} F\text{d}x = \int_0^{0.5} (800 - 6400x^3)\text{d}x = 300(\text{J}) \tag{3.5.1}$$

（2）设子弹初态静止于弹膛处 $v_1 = 0$，其射出枪口为末态速度 v_2，由质点

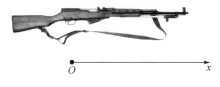

3.5 题用图

动能定理解得：

$$W = \frac{1}{2}mv_2^2 - \frac{1}{2}mv_1^2 \Rightarrow v_2 = 1.73 \times 10^2 i(\text{m} \cdot \text{s}^{-1}) \quad (3.5.2)$$

（3）由质点动量定理解得合力对子弹冲量为：

$$I = p_2 - p_1 = mv_2 - mv_1 = 3.46i(\text{kg} \cdot \text{m} \cdot \text{s}^{-1}) \quad (3.5.3)$$

说明：合力对子弹冲量的方向与子弹射出方向相同。

3.6 质量分别为 $0.5 \times 10^3 \text{kg}$、$1.0 \times 10^3 \text{kg}$ 的甲乙两艘渔船，在平静湖面上无动力平行相向航行，当两船擦肩相遇时，各自向对方同时平稳传递 50kg 货物，致使甲船停止，乙船以 $3.4\text{m} \cdot \text{s}^{-1}$ 的速率继续向前行驶，若不计湖水及空气对船体阻力，试求传递货物前两艘渔船的速度。

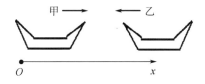

3.6 题用图

解：**分析** 本题由动量守恒定律可解。选取地面为惯性系，如题 3.6 图所示，以甲船航行方向为 x 坐标轴正向，坐标原点位于湖岸上。甲、乙两船在平静湖面上无动力平行航行，不计湖水及空气对船体阻力，则两船水平方向受力均为零，故两艘渔船组成的力学系统传递货物前、后水平方向动量守恒。甲船接收货物前、后水平方向动量也守恒。选取两船系统及甲船为研究对象，分别应用动量守恒定律得到：

$$m_甲 v_甲 + m_乙 v_乙 = m_乙 v_乙' \quad (3.6.1)$$

$$(m_甲 - 50)v_甲 + 50v_乙 = m_甲 v_甲' \quad (3.6.2)$$

其中 $m_甲 = 0.5 \times 10^3 \text{kg}, m_乙 = 1.0 \times 10^3 \text{kg}, v_甲' = 0\text{m} \cdot \text{s}^{-1}, v_乙' = -3.4\text{ m} \cdot \text{s}^{-1}$，联立式（3.6.1）、（3.6.2）解得传递货物前两艘渔船的速度分别为：

$$\left.\begin{array}{l} v_甲 = 0.4i(\text{m} \cdot \text{s}^{-1}) \\ v_乙 = -3.6i(\text{m} \cdot \text{s}^{-1}) \end{array}\right\} \quad (3.6.3)$$

讨论：

（1）此类应用动量守恒定律的问题，应注意研究对象及初、末状态的选取。本题初、末态分别为两船接收货物前、后的状态。

（2）本题也可选取两船系统及乙船为研究对象，乙船传出 50kg 货物同时接受来自甲船 50kg 货物，乙船接收货物前、后动量守恒：

$$(m_乙 - 50)v_乙 + 50v_甲 = m_乙 \, v'_乙 \tag{3.6.4}$$

联立式（3.6.1）、（3.6.4）或式（3.6.2）、（3.6.4）同样解得式（3.6.3）、（3.6.4）所示结果。

3.7　质量 50kg 的跳水运动员由高 $h = 10.0$m 跳台垂直跳入水池，设其入水后仅受水阻碍而减速，对应加速度 $\boldsymbol{a} = -3v^2\boldsymbol{j}$，试求运动员入水后 2.0s 内所受阻力的冲量及阻力所做功。

解：**分析**　本题可由动能定理出发求解。将运动员的运动分为自跳台的自由落体和水中运动两个阶段，且自由落体阶段只受重力作用，入水后仅考虑水的阻力 $\boldsymbol{f}$，受力图如题 3.7 图所示。选地面为惯性系、运动员为质点，如题 3.7 图所示以其入水处为坐标原点，以垂直于水面向下为 y 轴正向。设运动员入水及入水 2.0s 时速度大小为 v、v'，第一个阶段由动能定理求得 v，第二个阶段由入水后加速度先求得 v'，最后解得阻力冲量、阻力做功分别为：

$$W = mgh = \frac{1}{2}mv^2 - 0 \Rightarrow v = \sqrt{2gh} = 14(\mathrm{m \cdot s^{-1}}) \tag{3.7.1}$$

$$a = \frac{\mathrm{d}v}{\mathrm{d}t} = -3v^2 \Rightarrow \frac{\mathrm{d}v}{-3v^2} = \mathrm{d}t \Rightarrow \int_v^{v_1} \frac{\mathrm{d}v}{-3v^2} = \int_0^2 \mathrm{d}t$$

$$\Rightarrow v' = 0.165(\mathrm{m \cdot s^{-1}}) \tag{3.7.2}$$

$$\boldsymbol{I} = \Delta \boldsymbol{p} = mv'\boldsymbol{j} - mv\boldsymbol{j} = -691.8\boldsymbol{j}(\mathrm{kg \cdot m \cdot s^{-1}}) \tag{3.7.3}$$

$$W = \frac{1}{2}mv'^2 - \frac{1}{2}mv^2 = -4.899 \times 10^3(\mathrm{J}) \tag{3.7.4}$$

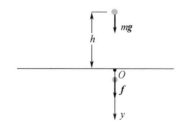

3.7 题用图

说明：运动员入水后 2.0s 内所受阻力冲量的方向与 y 轴正向相反，且阻力对运动员做负功，消耗运动员入水的机械能。

3.8　设质量 1.15×10^3 kg 的桑塔纳轿车在倾角 $\alpha = 30°$ 的斜坡前起步，于 2.0s 内由静止均匀加速至 5.0m·s^{-1}，设车与坡面摩擦系数 $\mu = 0.7$，试求该时间间隔内汽车所受牵引力的冲量及牵引力所做功。

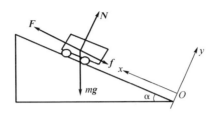

3.8 题用图

解：分析　本题由质点动量定理、质点动能定理可解。车沿斜坡向上运动时，受到重力 $m\boldsymbol{g}$、支持力 $\boldsymbol{N}$、摩擦力 $\boldsymbol{f}$ 和牵引力 $\boldsymbol{F}$ 作用，且均为常力。如题 3.8 图所示，选地面为惯性系，取车为质点，建立固定于坡面的坐标系，画出受力图，于是由质点动量定理及质点动能定理得到：

$$\int_0^2 m\boldsymbol{g}\,\mathrm{d}t + \int_0^2 \boldsymbol{N}\mathrm{d}t + \int_0^2 \boldsymbol{f}\,\mathrm{d}t + \int_0^2 \boldsymbol{F}\mathrm{d}t = m\boldsymbol{v} - m\boldsymbol{v}_0$$

$$\Rightarrow \int_0^2 \boldsymbol{F}\mathrm{d}t = m\boldsymbol{v} - \left(\int_0^2 m\boldsymbol{g}\,\mathrm{d}t + \int_0^2 \boldsymbol{N}\mathrm{d}t + \int_0^2 \boldsymbol{f}\,\mathrm{d}t \right) \qquad (3.8.1)$$

$$W_F + W_{ng} + W_f = \boldsymbol{F} \cdot \Delta\boldsymbol{r} + m\boldsymbol{g} \cdot \Delta\boldsymbol{r} + \boldsymbol{f} \cdot \Delta\boldsymbol{r} = \frac{1}{2}mv^2 - \frac{1}{2}mv_0^2$$

$$\Rightarrow \boldsymbol{F} \cdot \Delta\boldsymbol{r} = \frac{1}{2}mv^2 - (m\boldsymbol{g} \cdot \Delta\boldsymbol{r} + \boldsymbol{f} \cdot \Delta\boldsymbol{r}) \qquad (3.8.2)$$

车沿斜坡起步时沿 x 轴正向运动，其位移 $\Delta\boldsymbol{r} = \dfrac{\boldsymbol{v}_0 + \boldsymbol{v}}{2}t$，则所求汽车所受牵引力的冲量及牵引力所做功分别为：

$$\boldsymbol{I}_F = \int_0^2 \boldsymbol{F}\mathrm{d}t = 3.06 \times 10^4 \boldsymbol{i}(\text{kg} \cdot \text{m} \cdot \text{s}^{-1}) \qquad (3.8.3)$$

$$W_F = \boldsymbol{F} \cdot \Delta\boldsymbol{r} = 7.67 \times 10^4 (\text{J}) \qquad (3.8.4)$$

说明：

（1）其中 $m\boldsymbol{g} = -mg\sin\theta\boldsymbol{i} - mg\cos\theta\boldsymbol{j}$，$\boldsymbol{N} = mg\cos\theta\boldsymbol{j}$，$\boldsymbol{f} = \mu\boldsymbol{N} = -\mu mg\cos\theta\boldsymbol{i}$，$\boldsymbol{v} = 5.0\boldsymbol{i}(\text{m} \cdot \text{s}^{-1})$，$\boldsymbol{v}_0 = 0(\text{m} \cdot \text{s}^{-1})$；

（2）本题车由静止均匀加速，故也可先由牛顿第二定律求出牵引力，再求牵引力的冲量和功。但利用动量定理和动能定理计算冲量和功的方法相对较简便。

3.9　设有自动卸货矿车如题 3.9 图 a 所示，空载时矿车质量 m，满载时由与水平地面成 $\alpha = 30°$ 的斜面 A 点静止下滑，若斜面对矿车的阻力为其重量的 0.25 倍，矿车下滑距离 l 后与缓冲弹簧接触。当矿车使弹簧产生最大压缩形变时自动卸货，然后借助弹簧弹力作用返回 A 点再装货。若要顺利完成上述自动卸货过程，试求矿车满载时的质量。

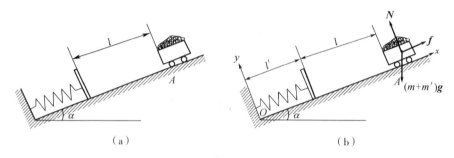

（a）　　　　　　　　　　　（b）

3.9 题用图

解：分析　本题由功能原理可解。取矿车、弹簧及地球为力学系统，视矿车为质点，其下滑及上行过程受到重力、支持力、阻力、和弹簧弹性力作用，作受力图如题 3.9 图 b 所示。支持力不做功，重力、弹力为保守力，阻力为非保守力。选地面为惯性系，取沿斜面向上为 x 轴正向，弹簧被压缩到最大形变时其上端为坐标原点 O，建立坐标系。设弹簧最大压缩量 l'、矿车自重 mg、矿车满载时质量 m'，其在下滑及上行过程阻力做功 W_f，且矿车满载下滑前和返回原位时速度均为零。取矿车满载位于 A 点为初态，卸货后空车返回 A 点为末态。由功能原理知，系统机械能增量等于外力与非保守内力做功之和，即矿车在下滑及上行过程阻力做功等于系统机械能的增量。于是可得：

$$W_f = \Delta E = \Delta E_k + \Delta E_p \tag{3.9.1}$$

$$W_f = -(0.25m'g + 0.25mg)(l + l') \tag{3.9.2}$$

$$\Delta E_k = 0 \tag{3.9.3}$$

矿车满载下滑及空车返回原位过程，弹簧被压缩后又恢复原长，系统弹性势能增量为零，故 ΔE_p 仅为系统重力势能增量，以弹簧被压缩到最大形变处为重力势能零点，则有：

$$\Delta E_p = -(m' - m)g(l + l')\sin \alpha \tag{3.9.4}$$

由式（3.9.1）～（3.9.4）联立求解得到：

$$m' = 3m \tag{3.9.5}$$

讨论与总结：

（1）综上所述，若要顺利完成自动卸货过程，矿车满载时质量必为空车质量的 3 倍。

（2）矿车运动过程阻力做功，阻力是非保守力，故该系统机械能不守恒。

（3）应用功能原理解题，恰当选取系统的初、末状态可使计算简便，如上所述将矿车满载下滑前及返回原位作为初、末状态，就得到 $\Delta E_k = 0$，ΔE_p 仅为系统重力势能增量。

（4）计算势能时应注意势能零点的选取。尽管该零点可以任意选取，但应以方便计算、表述简单为前提。故常选取弹簧原长处为弹性势能零点，位置最低处为重力势能零点。

3.10　用铁锤将钢钉钉入房间墙壁的装饰木板，设木板对钉子的阻力与其进入木板的深度成正比，首次敲击可钉入木板 1.0cm，再次敲击仍保持首次敲击钉子的速度，试计算第二次敲击将其钉入木板的深度。

解：分析　本题仅由质点动能定理即可求解。选地面为惯性系，以木板表面与钉子接触处为坐标原点，沿钉子的速度方向为 x 轴正向，建立坐标系如题 3.10 图所示。由题意知，铁锤两次敲击钢钉时保持相同的速度，故其作用于钉子的冲量相同，于是两次敲击使钢钉获得相同的初速度。设钢钉钉入木板深度为 x 时所受阻力 $F = -kx$，将质点动能定理应用于两次敲击过程，解得第二次敲击后钢钉的坐标，以及第二次敲击钉入木板的深度分别为：

$$W_1 = \int_0^{x_1} -kx\,\mathrm{d}x = 0 - \frac{1}{2}mv^2 \Rightarrow \frac{1}{2}kx_1^2 = \frac{1}{2}mv^2 \qquad (3.10.1)$$

$$W_2 = \int_0^{x_2} -kx\,\mathrm{d}x = 0 - \frac{1}{2}mv^2 \Rightarrow \frac{1}{2}k(x_2^2 - x_1^2) = \frac{1}{2}mv^2 \qquad (3.10.2)$$

$$x_2 = 0.01414(\mathrm{m}) \qquad (3.10.3)$$

$$\Delta x = x_2 - x_1 = 0.00414(\mathrm{m}) \qquad (3.10.4)$$

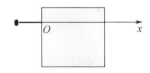

3.10 题用图

讨论：

（1）x_2、x_1 分别对应第一、二次敲击钉子时，钉入木板钉头的坐标或钉子进入木板的深度。

（2）本题仅明确给出一个物理量，即首次敲击可钉入木板 1.0cm。遇到此类已知信息较少的问题时，应仔细分析题意进而大胆设定。如由题意设钢钉钉入木板深度为 x 时所受阻力 $F = -kx$，由题意设两次敲击使钉子获得相同的初速度。只有充分利用题目所给各类有益线索，大胆设定，才可能顺利解决问题，求得待求物理量。

3.11　设质量 m 的地球卫星沿半径 $r = 4R_E$ 的圆轨道运行，若 R_E、M_E 为地球半径及质量，地球表面重力加速度 g，试求：

（1）卫星相对于地心的角动量。

（2）卫星相对于地心的动能。

（3）卫星—地球两体系统相对地心的机械能。

解：分析　本题仅保守力作用，由牛顿第二定律结合角动量、动能及机械能定义可解。选地心为惯性系及坐标原点，如题 3.11 图所示，选卫星为研究对象，无穷远处为势能零点，于是得到：

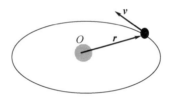

3.11 题用图

（1）地球卫星绕地球运行，则牛顿第二定律沿圆轨道法向分量式为：

$$\frac{GM_E m}{r^2} = \frac{mv^2}{r} \tag{3.11.1}$$

卫星相对地心的轨道为半径 $r = 4R_E$ 的圆，故其 v 与 r 垂直，则卫星相对地心的角动量为：

$$\boldsymbol{L} = \boldsymbol{r} \times m\boldsymbol{v} \Rightarrow L = mvr\sin\frac{\pi}{2} \tag{3.11.2}$$

由题意 $r = 4R_E$ 得到：

$$\frac{GM_E}{R_E^2} = g \tag{3.11.3}$$

由式（3.11.1）～（3.11.3）得到卫星相对地心的角动量为：

$$L = 2mg^{\frac{1}{2}}R_E^{\frac{3}{2}} \tag{3.11.4}$$

其方向垂直于卫星轨道平面。

（2）卫星相对于地心的动能：

$$E_k = \frac{1}{2}mv^2 = \frac{1}{8}mgR_E \qquad (3.11.5)$$

（3）卫星—地球两体系统的势能及相对地心的机械能：

$$E_p = \int_{4R_E}^{\infty} -\frac{GM_E m}{r^2}\mathrm{d}r = -\frac{GM_E m}{4R_E} \qquad (3.11.6)$$

$$E = E_k + E_p = -\frac{GM_E m}{8R_E} = -\frac{1}{8}mgR_E \qquad (3.11.7)$$

3.12 若速率 v 的电子与初态静止的氢原子发生水平对心弹性碰撞，已知氢原子质量约为电子质量的 1840 倍，试计算碰撞后电子与氢原子动能之比。

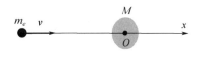

3.12 题用图

解：分析　本题仅保守力作用，水平合外力为零，可由动量守恒定律、机械能守恒定律联立求解。设电子、氢原子沿水平方向运动，由于该两体系统不受外力，两者之间仅有保守内力万有引力作用，故两体系统动量、机械能均守恒。以静止的氢原子所在位置为坐标原点，以碰撞前电子运动方向为 x 轴正向建立坐标系如题 3.12 图所示，设氢原子、电子的质量及其末态速率分别为 M、m_e 及 v_1、v_2。取两者碰撞前后瞬间为初、末态，由动量守恒定律、机械能守恒定律解得：

$$\left.\begin{array}{l} m_e v = M v_1 + m_e v_2 \\[2mm] \dfrac{1}{2}m_e v^2 = \dfrac{1}{2}M v_1^2 + \dfrac{1}{2}m_e v_2^2 \end{array}\right\} \qquad (3.12.1)$$

$$\left.\begin{array}{l} v_1 = \dfrac{2m_e}{M+m_e}v \\[2mm] v_2 = \dfrac{m_e - M}{M+m_e}v \end{array}\right\} \qquad (3.12.2)$$

$$\frac{E_{k1}}{E_{k2}} = \frac{\dfrac{1}{2}m_e v_2^2}{\dfrac{1}{2}M v_1^2} = \frac{459.5}{1} \qquad (3.12.3)$$

说明：

（1）从计算结果可知 v_1 与 v 同号，说明碰撞后氢原子的速度与碰撞前电子运动方向相同。若 v_2 与 v 异号，说明碰撞后电子的速度与其碰撞前运动方向相反。

（2）取电子与氢原子碰撞前后瞬间为初、末态，且初、末态均为碰撞前、后两者相距极其靠近时，故对应势能变化极小忽略不计，因此式（3.12.1）表出的机械能守恒定律没有考虑势能。

3.13 质量 $m_1 = 0.5\text{kg}$ 的飞鸟距地面高 $h = 19.6\text{m}$ 以水平速率 $v_1 = 5.0\ \text{m} \cdot \text{s}^{-1}$ 飞行时，被质量 $m_2 = 20\text{g}$ 与水平方向夹角 $\alpha = 53°$ 射出的子弹迎面击中并驻留其体内，设子弹射出时速率 $v_2 = 500\text{m} \cdot \text{s}^{-1}$，试计算飞鸟着地点与被击中点之间的水平距离。

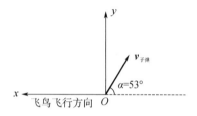

3.13 题用图

解：分析 本题由动量守恒定律及抛体运动规律可解。可以认为子弹击中飞鸟瞬间，两者构成的质点系内力远大于外力，故质点系动量近似守恒。选地面为惯性系，飞鸟被击中处为坐标原点，其飞行方向为 x 轴正向，竖直向上为 y 轴正向，建立如题 3.13 图所示坐标系。设飞鸟被击中后以速度 v 做斜上抛运动，则由质点系动量守恒定律在 x 轴、y 轴投影，解得飞鸟被击中后的速度为：

$$\left.\begin{array}{l} m_1 v_1 - m_2 v_2 \cos 53° = (m_1 + m_2) v_{水平} \\ m_2 v_2 \sin 53° = (m_1 + m_2) v_{竖直} \end{array}\right\} \tag{3.13.1}$$

$$\left.\begin{array}{l} v_{水平} = -6.73(\text{m} \cdot \text{s}^{-1}) \\ v_{竖直} = 15.4(\text{m} \cdot \text{s}^{-1}) \end{array}\right\} \tag{3.13.2}$$

飞鸟被子弹击中后做斜上抛运动，由其在 y 轴方向的位移解得其 x 轴方向的位移分别为：

$$\Delta y = v_{竖直} t - \frac{1}{2}gt^2 = -19.6\text{m} \Rightarrow t = 4.11(\text{s}) \tag{3.13.3}$$

$$\Delta x = v_{水平} t = -27.6(\text{m}) \tag{3.13.4}$$

说明：

（1）子弹击中飞鸟瞬间，内力为子弹击中飞鸟的冲力，而合外力为两者重力之和 $(m_1 + m_2)g \sim 10^0\text{N}$。因为子弹击中飞鸟的作用时间间隔极短 $\Delta t \sim 10^{-3}\text{s}$，

则质点系内力 $\overline{F} = \dfrac{\Delta p}{\Delta t} \sim 10^4$ N 远大于外力，故可认为质点系动量近似守恒。

（2）式（3.13.4）表明飞鸟落地点与被击中点之间的水平距离 27.6m，负号说明飞鸟被击中后沿水平方向的速度与原飞行方向相反，故其落地点在被击中点后方。

3.14　设有如题 3.14 图所示实验装置置于水平地面上，由轻弹簧将质量分别为 m_1、m_2 的两平板相连，且 $m_2 > m_1$。试问：

（1）对上平板施加多大正压力 F，方可将其突然撤去 m_1 起跳恰好带动 m_2 离开地面？

（2）若 m_1、m_2 交换位置结果又如何？

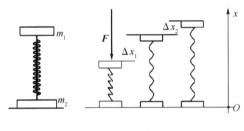

3.14 题用图

解： 分析　本题为保守系统问题，故由机械能守恒定律可解。撤去正压力 m_1 跳起恰能带动 m_2 离开地面时，弹簧对 m_2 的拉力应恰好等于 m_2 所受重力，且 m_2 离开地面时弹簧应达到最长，m_1、m_2 速度应为零。选地面为惯性系，竖直向上为 x 轴正方向建立坐标系如题 3.14 图所示，设弹簧劲度系数 k，正压力 F 作用 m_1 上时弹簧压缩量 Δx_1，突然撤去正压力时 m_1 跳起恰能带动 m_2 离开地面时弹簧伸长量 Δx_2，于是有：

$$\Delta x_1 = \frac{F + m_1 g}{k} \tag{3.14.1}$$

$$\Delta x_2 = \frac{m_2 g}{k} \tag{3.14.2}$$

整个过程只有弹力、重力作用，故系统机械能守恒。以弹簧原长处为弹性势能零点，以 F 作用 m_1 上平衡时弹簧上端为重力势能零点，则有：

$$\frac{1}{2} k (\Delta x_1)^2 = \frac{1}{2} k (\Delta x_2)^2 + mg (\Delta x_1 + \Delta x_2) \tag{3.14.3}$$

联立式（3.14.1）～（3.14.3）解得：

$$F = (m_1 + m_2)g \qquad (3.14.4)$$

讨论：

（1）撤去正压力 m_1 跳起恰能带动 m_2 离开地面是一个临界条件，解决此类问题时要充分利用此条件。

（2）由上述推导过程以及式（3.14.4）可知，当 m_1、m_2 交换位置时结果无变化。

3.15 由传送带、光滑坡道及板车构成的货物输运系统如题 3.15 图所示，已知货物与板车底面的滑动摩擦系数 $\mu = 0.4$，板车与传送带间高度差 $h = 0.6\mathrm{m}$，地面与板车间摩擦忽略不计，取 $g = 10\mathrm{m \cdot s^{-2}}$，若传送带以 $v_0 = 2.0\,\mathrm{m \cdot s^{-1}}$ 的速率把 $m = 20.0\mathrm{kg}$ 的货物运送至坡道上端，任其自动沿坡道下滑至质量 $M = 40.0\mathrm{kg}$ 的板车上。试求：

（1）初时货物与板车底面有相对滑动，两者相对静止时的共同速度。

（2）从货物送上板车，到相对板车静止所需时间。

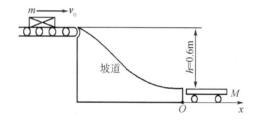

3.15 题用图

解：分析 本题为保守系统问题，由质点系机械能守恒定律、动量守恒定律及动量定理可解。设货物、板车构成质点系，选地面为惯性系，如题 3.15 图所示以板车速度方向为 x 轴正向，取地面为重力势能零势面，则有：

（1）货物下滑过程机械能守恒，设货物在坡道底部与小车碰撞前速度为 v_1，由机械能守恒定律得：

$$mgh + \frac{1}{2}mv_0^2 = \frac{1}{2}mv_1^2 \qquad (3.15.1)$$

货物、小车构成的系统水平方向不受外力，故两者碰撞前后动量守恒，设货物静止于小车上时两者相对地面的速度为 v，由动量守恒定律得：

$$mv_1 = (m + M)v \qquad (3.15.2)$$

由题意知 $v_0 = 2.0\,\mathrm{m \cdot s^{-1}}$、$m = 20.0\mathrm{kg}$、$M = 40.0\mathrm{kg}$、$h = 0.6\mathrm{m}$，由式（3.15.1）、（3.15.2）解得：

$$
\left.\begin{array}{l}
v_1 = 4.0i(\mathrm{m \cdot s^{-1}}) \\
v = 1.33i(\mathrm{m \cdot s^{-1}})
\end{array}\right\} \tag{3.15.3}
$$

（2）货物在板车上滑动期间水平方向仅受板车的摩擦力，该力为恒力，于是由动量定理解得：

$$
-\mu mg\Delta t = mv - mv_1 \Rightarrow \Delta t = 0.67(\mathrm{s}) \tag{3.15.4}
$$

讨论：

（1）货物装上板车到其相对板车静止用时 0.67s，此时两者相对地面的速度 $v = 1.33i$（$\mathrm{m \cdot s^{-1}}$）。

（2）本题还可应用牛顿第二定律先求出加速度，再利用匀变速直线运动关系式解答。

3.16　设雪橇初态静止于高度 $h = 50\mathrm{m}$ 的山坡 A 点，继而沿冰道自由下滑如题 3.16 图 a 所示。雪橇滑至 B 点后又沿水平冰道继续滑行，终态止于 C 点。若雪橇与冰道间的滑动摩擦系数 $\mu = 0.05$，A 点到山下坡道长 500m，点 B 附近可视为连续弯曲的滑道，且空气阻力不计，试求雪橇沿水平冰道的滑行距离。

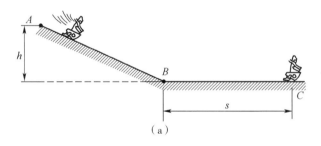

（a）

3.16 题用图

解：分析　本题应用动能定理或功能原理两种方法均可求解。选地面为惯性系，雪橇沿水平冰道滑行方向为 x 轴正向，坐标原点位于山坡下如题 3.16 图 b 所示。视雪橇为质点，沿斜面及水平冰道运动过程，作用于雪橇的有重力、支持力和滑动摩擦力，受力图如题 3.16 图 b 所示。令 W_1、W_2 分别为雪橇沿斜面及水平冰道运动时滑动摩擦力所做功，W_3 为重力所做功，s' 为坡道长度，取水平滑道为零势面，且选择初、末态分别为雪橇位于山顶和水平冰道终端。则由动能定理和功能原理两种方法分别求解：

（1）由动能定理求解得到：

$$
W = W_1 + W_2 + W_3 = E_K - E_{K0} = 0 \tag{3.16.1}
$$

其中 E_{K0}、E_K 为雪橇初、末态动能，又有摩擦力所做功、重力所做功分

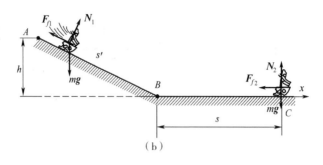

3.16 题用图

别为：

$$W_1 = \int_A^B \boldsymbol{F}_{f1} \cdot \mathrm{d}\boldsymbol{r} = -\int_A^B \mu mg \cos\theta \mathrm{d}r = -\mu mg s' \cos\theta$$

$$W_2 = \int_B^C \boldsymbol{F}_{f2} \cdot \mathrm{d}\boldsymbol{r} = -\int_B^C \mu mg \, \mathrm{d}r = -\mu mg s$$

$$W_3 = mgh$$

$$\cos\theta = \frac{\sqrt{s'^2 - h^2}}{s'}$$

(3.16.2)

联立（3.16.2）诸式解得：

$$s = \frac{h}{\mu} - \sqrt{s'^2 - h^2} = 502.5(\mathrm{m}) \qquad (3.16.3)$$

（2）由功能原理求解得到：

将雪橇、冰道和地球视为一个系统，只有保守力重力和滑动摩擦力做功。由功能原理知，雪橇沿冰道运动过程摩擦力所做的功等于系统机械能的增量，于是得到：

$$W = W_1 + W_2 = (E_{P2} + E_{K2}) - (E_{P1} + E_{K1}) \qquad (3.16.4)$$

其中 $E_{P1} + E_{K1}$、$E_{P2} + E_{K2}$ 为雪橇初、末态机械能。则有：

$$W = W_1 + W_2 = -mgh$$

$$W_1 = \int_A^B \boldsymbol{F}_{f1} \cdot \mathrm{d}\boldsymbol{r} = -\int_A^B \mu mg \cos\theta \mathrm{d}r = -\mu mg s' \cos\theta$$

$$W_2 = \int_B^C \boldsymbol{F}_{f2} \cdot \mathrm{d}\boldsymbol{r} = -\int_B^C \mu mg \, \mathrm{d}r = -\mu mg s$$

$$\cos\theta = \frac{\sqrt{s'^2 - h^2}}{s'}$$

(3.16.5)

联立（3.16.5）诸式得：

$$s = \frac{h}{\mu} - \sqrt{s'^2 - h^2} = 502.5(\text{m}) \qquad (3.16.6)$$

讨论与总结：

（1）计算系统的势能时，应首先选定零势面或零势点。

（2）势能属于系统，应用功能原理求解将地球作为系统的一部分，则雪橇所受重力为内力。

（3）本题还可应用牛顿第二定律先求出加速度，再利用匀变速直线运动关系式求解。

第4章 刚体定轴转动

内容总结

4.1 教学基本要求

（1）理解角坐标、角速度、角加速度等描述刚体定轴转动的物理量，以及角量与线量的关系。

（2）掌握力对定轴的力矩、刚体定轴转动惯量的计算方法，了解影响转动惯量的因素。

（3）掌握运用刚体定轴转动定律解决简单刚体系统定轴转动问题的方法。

（4）理解刚体对定轴角动量等基本概念，掌握刚体定轴转动角动量定理、角动量守恒定律，并能解释相关现象。

（5）理解刚体定轴转动动能等基本概念，掌握刚体定轴转动动能定理，正确应用机械能守恒定律。

4.2 学习指导

刚体是在力的作用下形状、大小均不发生变化的理想模型，而刚体任何复杂的运动均可视为平动与转动的合成。平动刚体可用其任意一点代表刚体的运动，并用质点运动规律处理。刚体的转动分为定轴、非定轴转动，本章主要研究刚体定轴转动规律，故对于本章的学习，应注意刚体对定轴转动惯量的计算，以及微元的选取和积分技巧，熟练掌握平行轴定理的应用，掌握刚体定轴转动定律、刚体定轴转动动能定理、角动量守恒定律、机械能守恒定律等规律的应用，掌握对于简单刚体系定轴转动动力学问题的计算方法。

4.2.1 内容提要

（1）刚体定轴转动的描述：角坐标、角速度、角加速度，角量与线量的关系。

（2）刚体定轴转动的计算：力矩、力矩的功，刚体对定轴的转动惯量、转动动能、角动量等。

（3）刚体定轴转动规律：定轴转动定律、角动量定理、定轴转动动能定理、平行轴定理等。

（4）刚体定轴转动守恒定律：角动量守恒定律、机械能守恒定律。

4.2.2　重点解析

（1）刚体定轴转动角量与线量的关系，与质点圆周运动角量与线量的关系相同。刚体定轴转动运动学规律，可与质点直线运动学规律类比，以帮助学习理解刚体的相关内容。刚体定轴匀变速转动与质点匀变速直线运动小结如表 4.1 所示，两者的加速度均为常量，而两类关系式的数学结构则完全相同。灵活运用类比方法，由掌握的知识助力学习新的知识，可以获得入门快效率高的良好学习效果。

表 4.1

质点匀变速直线运动	刚体定轴匀变速转动
$v = v_0 + at$	$\omega = \omega_0 + at$
$x = x_0 + v_0 t + \dfrac{1}{2} at^2$	$\theta = \theta_0 + \omega_0 t + \dfrac{1}{2} at^2$
$v^2 = v_0^2 + 2a(x - x_0)$	$\omega^2 = \omega_0^2 + 2a(\theta - \theta_0)$

（2）转动惯量是描述刚体定轴转动惯性大小的物理量，其大小由三个因素决定：转轴的位置，刚体的质量及其分布。获得刚体定轴转动惯量的方法有两种，实验法和计算法。对于质量连续分布的刚体，其定轴转动惯量的计算，有时对应多重定积分，但若注重微元的选取技巧，则可将多重积分化简。另外，平行轴定理的应用，也可以减少刚体定轴转动惯量的计算工作量。

（3）刚体定轴转动角动量定理与第 3 章质点角动量定理具有相同的表达形式。若相对于定轴，作用于转动刚体的合外力矩为零，则对应角动量守恒。

（4）力矩是使得刚体转动状态发生变化、产生角加速度的根本原因。力矩对空间的累积作用为力矩的功，导致刚体定轴转动动能变化，对应定轴转动动能定理，其实质仍是产生力矩的力所做的功。对于刚体系统，机械能守恒定律仍然适用，但刚体系统的重力势能应理解为系统各物体质心重力势能的代数和。

4.2.3　定轴转动刚体系动力学问题基本解题步骤

（1）对刚体系统应用"隔离体法"隔离，进行平动物体受力分析、定轴转动刚体对定轴力矩分析。

（2）选择惯性系，建立适当的坐标系。对平动物体、定轴转动刚体分别应用牛顿定律、定轴转动定律，以及应用角量、线量关系等列方程，若条件满足也可应用守恒定律列方程。

（3）联立求解方程组。

（4）对结果及求解过程进行讨论。

问题分析解答与讨论总结

4.1　定轴转动转轮边缘上一点，若其角坐标变化规律为 $\theta = 2 + 4t^2 + 2t^3$（SI），试求：

（1）$t = 0$s 时该点的 θ、ω。

（2）$t = 2$s 时该点的 α。

（3）$t = 4$s 时该点的 ω。

解：分析　本题属于刚体定轴转动运动学问题，可应用解决质点运动学问题类似的方法。由运动学方程出发，直接代入数据及对时间求导得到：

（1）$t = 0$s 时该点的 θ、ω：

$$\left.\begin{array}{l} t = 0\text{s} \Rightarrow \theta = 2 + 4t^2 + 2t^3 = 2\,\text{rad} \\ t = 0\text{s} \Rightarrow \omega = \dfrac{\mathrm{d}\theta}{\mathrm{d}t} = 8t + 6t^2 = 0 \end{array}\right\} \tag{4.1.1}$$

（2）$t = 2$s 时该点的 α：

$$t = 2\text{s} \Rightarrow \alpha = \frac{\mathrm{d}\omega}{\mathrm{d}t} = 8 + 12t = 32(\text{rad} \cdot \text{s}^{-2}) \tag{4.1.2}$$

（3）$t = 4$s 时该点的 ω：

$$t = 4\text{s} \Rightarrow \omega = \frac{\mathrm{d}\theta}{\mathrm{d}t} = 8t + 6t^2 = 128(\text{rad} \cdot \text{s}^{-1}) \tag{4.1.3}$$

总结：对于刚体定轴转动运动学问题，与质点运动学问题类似可以分为两类：第一类问题，由刚体定轴转动运动学方程，应用求导方法可以得到角速度、角加速度；第二类问题，结合初始条件，由刚体定轴转动角速度、角加速度，应用积分方法可以得到刚体定轴转动运动学方程。

4.2　设发动机曲轴转速 15s 内，由 $1.3 \times 10^3 \text{r} \cdot \text{min}^{-1}$ 均匀增加至 $2.8 \times 10^3 \text{r} \cdot \text{min}^{-1}$。试求：

（1）曲轴转动的角加速度。

（2）15s 内曲轴转动的转数。

解：分析　本题为刚体定轴匀变速转动问题。取地面为参照系，由匀变速运动规律可求得角加速度，以及 15s 内曲轴转过的转数为：

$$(1) \alpha = \frac{\Delta\omega}{\Delta t} = \frac{(2.8 \times 10^3 - 1.3 \times 10^3) \times 2\pi}{15 \times 60} = 10.5(\text{rad} \cdot \text{s}^{-2}) \quad (4.2.1)$$

$$(2) n = \frac{\Delta\theta}{2\pi} = \frac{\omega_0 t + \frac{1}{2}\alpha t^2}{2\pi} = 512.5 \quad (4.2.2)$$

4.3　设砂轮机以每分钟 1800 转的转速，绕定轴作逆时针转动，关闭电源后半径 0.25m 的砂轮均匀减速，经过 15s 停止转动。试求：

（1）砂轮转动的角加速度。

（2）由关闭电源到停止转动砂轮的转数。

（3）关闭电源 $t = 10$s 后砂轮边缘一点的速度、加速度。

解：分析　本题为刚体定轴匀变速转动问题。取地面为参照系，解得砂轮角加速度、15s 转数，关闭电源 $t = 10$s 后其转动角速度，边缘上一点的速度、加速度分别为：

$$(1) \alpha = \frac{\Delta\omega}{\Delta t} = \frac{(0 - 1800) \times 2\pi}{15 \times 60} = -4\pi(\text{rad} \cdot \text{s}^{-2}) \quad (4.3.1)$$

$$(2) n = \frac{\Delta\theta}{2\pi} = \frac{\omega_0 t + \frac{1}{2}\alpha t^2}{2\pi} = \frac{\frac{1800 \times 2\pi}{60} \times 15 - \frac{1}{2} \times 4\pi \times 15^2}{2\pi}$$

$$= 225 \quad (4.3.2)$$

$$(3) t = 10\text{s} \Rightarrow \omega = \omega_0 + \alpha t = 60\pi - 4\pi t = 20\pi(\text{rad} \cdot \text{s}^{-1})$$

$$\left. \begin{array}{l} v = r\omega = 15.7(\text{m} \cdot \text{s}^{-1}) \\ a_t = r\alpha = 3.14(\text{m} \cdot \text{s}^{-2}) \\ a_n = r\omega^2 = 100\pi^2(\text{m} \cdot \text{s}^{-2}) = 987(\text{m} \cdot \text{s}^{-2}) \end{array} \right\} \quad (4.3.3)$$

4.4　设力 $\boldsymbol{F} = -8\boldsymbol{i} + 6\boldsymbol{j}$（SI）作用于位矢 $\boldsymbol{r} = 3\boldsymbol{i} + 4\boldsymbol{j}$（SI）的质点，试求：

（1）质点所受力对坐标原点的力矩。

（2）$\boldsymbol{r}$、$\boldsymbol{F}$ 两矢量的夹角。

解：分析　本题涉及力矩的计算问题。取地面为惯性系，由力矩定义可解得质点受力对坐标原点的力矩、$\boldsymbol{r}$、$\boldsymbol{F}$ 两矢量的夹角分别为：

$$(1) \boldsymbol{M} = \boldsymbol{r} \times \boldsymbol{F} = (3\boldsymbol{i} + 4\boldsymbol{j}) \times (-8\boldsymbol{i} + 6\boldsymbol{j}) = 50\boldsymbol{k}(\text{N} \cdot \text{m}) \quad (4.4.1)$$

$$(2) M = rF\sin\theta = 5 \times 10\sin\theta = 50 \Rightarrow \sin\theta = 1 \Rightarrow \theta = \frac{\pi}{2} \quad (4.4.2)$$

4.5　设飞轮质量 $m = 60$kg、直径 $d = 0.5$m、转速 $\omega = 1000\text{r} \cdot \text{min}^{-1}$，闸瓦与飞轮之间滑动摩擦系数 $\mu = 0.4$。现要求 5s 内使其停止转动，若飞轮质量主要分布在轮的外缘如题 4.5 图 a 所示，试求该制动装置所需制动力 $\boldsymbol{F}$ 的大小。

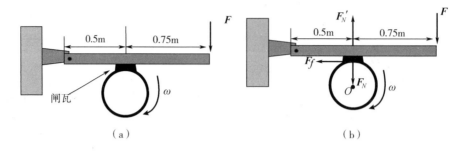

4.5 题用图

解：分析 本题涉及力矩的计算、刚体定轴转动定律的应用。取地面为惯性系，该装置部件制动杠杆及飞轮的受力分析如题 4.5 图 b 所示，制动力 $\boldsymbol{F}$ 通过制动杠杆及闸瓦，作用于转动的飞轮产生滑动摩擦力 $\boldsymbol{F}_f$。飞轮的制动是闸瓦对其产生摩擦力矩 $\boldsymbol{M}_f$ 作用的结果，摩擦力矩 $\boldsymbol{M}_f$ 由闸瓦与飞轮间的正压力 $\boldsymbol{F}_N$、滑动摩擦系数及力臂所决定。应用杠杆平衡条件、摩擦力矩及匀变速转动规律，联立刚体定轴转动定律即可求得制动力。于是得到摩擦力矩、飞轮角加速度及制动力的大小分别为：

$$F \times (0.5 + 0.75) = F_N' \times 0.5 \tag{4.5.1}$$

$$M_f = \mu F_N \frac{d}{2} \tag{4.5.2}$$

$$\alpha = \frac{\Delta \omega}{\Delta t} = \frac{(0 - 1000) \times 2\pi}{5 \times 60} = -21(\mathrm{rad \cdot s^{-2}}) \tag{4.5.3}$$

$$F = \frac{M_f}{\mu \times \frac{d}{2} \times \frac{(0.5 + 0.75)}{0.5}} = \frac{J\alpha}{\mu d \times 1.25} = 314(\mathrm{N}) \tag{4.5.4}$$

讨论：

(1) 由牛顿第三定律得到 $\boldsymbol{F}_N'$ 与 $\boldsymbol{F}_N$ 大小相等方向相反。

(2) 由题意飞轮作匀变速转动，故其角加速度 $\alpha = \dfrac{\Delta \omega}{\Delta t}$。

(3) 由题意将制动装置的飞轮视为细圆环，则其绕定轴的转动惯量 $J = m\left(\dfrac{d}{2}\right)^2$。其实，若飞轮为直径确定的圆盘、圆筒、球体等旋转体，在其他条件不变的情况下，只要将其相应绕定轴的转动惯量代入式 (4.5.4)，即可得到制动装置所需制动力的大小。

4.6 设电动机带动转动惯量 $J = 50\mathrm{kg \cdot m^2}$ 的转动系统作定轴转动，0.5s 内由静止达到 $120\mathrm{r \cdot min^{-1}}$ 转速。若为匀加速转动，试求电动机对转动系统所施加的动力矩。

解：分析 本题为刚体匀加速定轴转动问题，取地面为惯性系，直接应用匀变速转动规律及刚体定轴转动定律解得：

$$\alpha = \frac{\Delta \omega}{\Delta t} = \frac{(120-0) \times 2\pi}{0.5 \times 60} = 8\pi (\text{rad} \cdot \text{s}^{-2}) \tag{4.6.1}$$

$$M = J\alpha = 50 \text{kg} \cdot \text{m}^2 \times 8\pi \text{rad} \cdot \text{s}^{-2} = 1256 (\text{N} \cdot \text{m}) \tag{4.6.2}$$

4.7　长为 l、质量 m 的匀质细杆 OA，可绕其端点 O 处固定水平轴自由转动如题 4.7 图所示。现将其由水平位置静止释放，若 θ 为细杆与水平位置的夹角，当其摆动到铅直位置时，试求细杆的 α 与 ω。

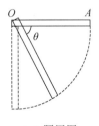

4.7 题用图

解：分析 本题属于刚体定轴转动的动力学问题，取地面为惯性系，细杆的角加速度由重力矩 $M = mg\dfrac{l}{2}\cos\theta$，以及细杆对定轴的转动惯量 $J = \dfrac{1}{3}ml^2$ 共同决定。应用刚体定轴转动定律可解得当细杆摆动到铅直位置时，其 α 与 ω 分别为：

$$M = J\alpha = mg\frac{l}{2}\cos\theta = 0 \Rightarrow \alpha = 0 \tag{4.7.1}$$

$$\alpha = \frac{3g\cos\theta}{2l} = \frac{\mathrm{d}\omega}{\mathrm{d}t} = \omega\frac{\mathrm{d}\omega}{\mathrm{d}\theta} \Rightarrow \int_0^{\frac{\pi}{2}} \frac{3g\cos\theta}{2l}\mathrm{d}\theta = \int_0^{\omega}\omega\mathrm{d}\omega$$

$$\Rightarrow \omega = \sqrt{\frac{3g}{l}} = 8.57 (\text{rad} \cdot \text{s}^{-1}) \tag{4.7.2}$$

讨论： 本题也可应用机械能守恒定律求解。首先选择细杆水平位置的初态为重力势能零点，摆动到铅直位置时为末态，则有：

$$0 = -mg\frac{l}{2} + \frac{1}{2}J\omega^2 \Rightarrow \omega = \sqrt{\frac{3g}{l}} = 8.57 (\text{rad} \cdot \text{s}^{-1}) \tag{4.7.3}$$

由上述结果可知，应用机械能守恒定律求解较为简便，但应用刚体定轴转动定律求解可得到描述细杆转动细节的规律如 $\alpha = \alpha(t)$、$\omega = \omega(t)$、$\theta = \theta(t)$。

4.8 质量 m、半径 R 的匀质圆盘如题 4.8 图所示，试求圆盘关于：

（1）过盘心且垂直于盘面的轴 OO 之转动惯量 J。

（2）过盘边缘 $O'O'$ 轴的转动惯量 $J_{O'O'}$。

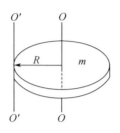

4.8 题用图

（3）将以转轴 OO 的轴心为圆心、半径 $\dfrac{R}{2}$ 的部分挖去，剩余部分对 OO 轴的转动惯量。

解：分析 本题为刚体定轴转动惯量的计算问题，涉及到积分、微元的选取及平行轴定理的应用等内容。选取半径 r、宽度 dr 的细圆环，该环对应的质元及其对转轴 OO 的转动惯量分别为：

$$\left. \begin{array}{l} dm = \sigma dS = \dfrac{m}{\pi R^2} 2\pi r dr \\[2mm] dJ = r^2 dm = \dfrac{2mr^3}{R^2} dr \end{array} \right\} \tag{4.8.1}$$

（1）圆盘对转轴 OO 的转动惯量：

$$J = \int_m r^2 dm = \int_0^R \dfrac{2mr^3}{R^2} dr = \dfrac{1}{2} mR^2 \tag{4.8.2}$$

（2）过圆盘边缘 $O'O'$ 轴的转动惯量：

$$J_{O'O'} = J + mR^2 = \dfrac{3}{2} mR^2 \tag{4.8.3}$$

（3）剩余部分对转轴 OO 的转动惯量：

$$J_2 = \int_m r^2 dm = \int_{\frac{R}{2}}^R \dfrac{2mr^3}{R^2} dr = \dfrac{15}{32} mR^2 \tag{4.8.4}$$

讨论： 由转动惯量的可叠加性知，剩余部分对转轴 OO 的转动惯量，与挖去部分对转轴 OO 的转动惯量之和，等于圆盘对同一转轴的转动惯量。若设挖去部分小圆盘对转轴 OO 的转动惯量为 J_1，则有：

$$J_1 = \dfrac{1}{2} \dfrac{m}{R^2} \dfrac{R^2}{4} \dfrac{R^2}{4} = \dfrac{1}{32} mR^2 \Rightarrow J = J_1 + J_2 \Rightarrow$$

$$J_2 = J - J_1 = \frac{1}{2}mR^2 - \frac{1}{32}mR^2 = \frac{15}{32}mR^2 \qquad (4.8.5)$$

式 (4.8.3) 表明，对于已知过质心转轴的转动惯量，求解平行于过质心转轴的某转轴的转动惯量，应用平行轴定理求解较为方便。

4.9 质量 m_A 的物体 A 静止于光滑水平桌面上，通过一轻绳跨过半径 R、质量 m_C 的定滑轮 C，与质量为 m_B 的物体 B 相连如题 4.9 图 a 所示。设滑轮与轴承的摩擦力均略去不计，且滑轮与绳索间亦无滑动，试求两物体的加速度及轻绳的张力。

解： 分析　本题为刚体系动力学问题，该系统包括滑轮的定轴转动和物体 A、B 的平动。而物体的平动可视为质点运动，故可由刚体定轴转动定律、牛顿第二定律联立求解。分别对滑轮和两物体进行受力分析，并作受力图如题 4.9 图 b 所示。选择水平桌面为惯性系，建立坐标系，于是对滑轮、两物体应用刚体定轴转动定律、牛顿第二定律得到：

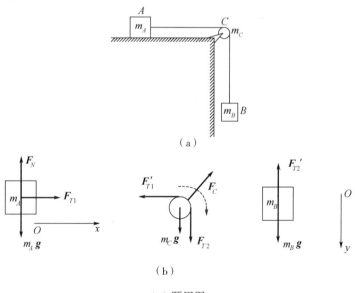

（a）

（b）

4.9 题用图

$$\left.\begin{array}{l} RF_{T2} - RF'_{T1} = J\alpha \\ F_{T1} = m_A a \\ m_B g - F'_{T21} = m_B a \\ F_{T1} = F'_{T1}, F_{T2} = F'_{T2} \end{array}\right\} \qquad (4.9.1)$$

由 $a = R\alpha$、$J = \frac{1}{2}m_C R^2$ 代入上述方程组解得两物体的加速度及轻绳的张力分别为：

$$a = \frac{m_B g}{m_A + m_B + m_C/2} \tag{4.9.2}$$

$$F_{T1} = \frac{m_A m_B g}{m_A + m_B + m_C/2} \tag{4.9.3}$$

$$F_{T2} = \frac{(m_A + m_C/2)m_B g}{m_A + m_B + m_C/2} \tag{4.9.4}$$

讨论：

（1）由式（4.9.2）看出，两物体的加速度与定滑轮的质量有关。

（2）由式（4.9.3）、（4.9.4）看出，定滑轮两侧的张力 $F_{T1} < F_{T2}$，且与定滑轮的质量有关。

（3）当定滑轮的质量与物体 A 的质量相比为小量时，忽略不计定滑轮质量则 $F_{T1} = F_{T2}$。

4.10 长为 l、质量 m 的匀质细杆 OA，可绕其端点 O 处固定水平轴自由转动如题 4.7 图所示。现将其由水平位置静止释放，试求：

（1）当细杆 OA 转动至与水平位置夹角 θ 时其转动动能。

（2）细杆 OA 转动至铅直位置时关于转轴重力矩所做的功。

解：分析 本题为刚体定轴转动动力学问题，取地面为惯性系。问题（1）由刚体定轴转动定律可解，也可应用机械能守恒定律求解，关键是先求解对应角速度，对于细杆定轴转动过程重力矩所做功可由 $W = \int M d\theta$ 求解，亦可由动能定理求解。相对于水平轴细杆所受重力矩 $M = mg\frac{1}{2}\cos\theta$、转动惯量 $J = \frac{1}{3}ml^2$，于是所求角速度、转动动能及力矩所做的功分别为：

（1）$\alpha = \dfrac{M}{J} = \dfrac{3g\cos\theta}{2l} = \dfrac{d\omega}{dt} \Rightarrow \dfrac{3g\cos\theta}{2l} = \omega\dfrac{d\omega}{d\theta} \Rightarrow \int_0^\theta \dfrac{3g\cos\theta}{2l}d\theta = \int_0^\omega \omega d\omega$

$$\Rightarrow \omega = \sqrt{\frac{3g\sin\theta}{l}} \tag{4.10.1}$$

$$E_k = \frac{1}{2}J\omega^2 = \frac{1}{2} \times \frac{1}{3}ml^2 \times \frac{3g\sin\theta}{l} = \frac{1}{2}mlg\sin\theta \tag{4.10.2}$$

（2）$W = \displaystyle\int M d\theta = \int_0^{\frac{\pi}{2}} mg\frac{l}{2}\cos\theta d\theta = \frac{l}{2}mg$ $\tag{4.10.3}$

讨论：

（1）细杆定轴转动过程仅有保守力做功，故机械能守恒。选择细杆水平位置的初态为重力势能零点，摆动到与水平位置夹角 θ 时为末态，由机械能守恒定律得到对应角速度为：

$$0 = -mg\,\frac{l}{2}\sin\theta + \frac{1}{2}J\omega^2 \Rightarrow \omega = \sqrt{\frac{3g\sin\theta}{l}} \qquad (4.10.4)$$

（2）选细杆水平、铅直位置分别为初、末态，由动能定理可得重力矩所做功为：

$$W = \Delta E = \frac{1}{2}J\omega^2 - 0 = \frac{l}{2}mg \qquad (4.10.5)$$

4.11 芭蕾舞演员可绕过其脚尖的铅直轴旋转，若演员水平伸展双臂时其对铅直轴的转动惯量 J_0、角速度 ω_0，当演员突然收回双臂时对铅直轴的转动惯量减小为 $\dfrac{J_0}{2}$，试求此时其 ω。

解：分析 本题为刚体定轴转动动力学问题。取地面为惯性系，芭蕾舞演员旋转过程，对于过其质心的铅直轴合外力矩为零，故绕该转轴的角动量守恒，直接应用角动量守恒定律可解。故得到：

$$J_0\omega_0 = \frac{J_0}{2}\omega \Rightarrow \omega = \frac{J_0\omega_0}{J_0/2} = 2\omega_0 \qquad (4.11.1)$$

应用：

（1）整个旋转过程芭蕾舞演员对于铅直轴的合力矩为零，绕该转轴的角动量守恒，故其对转轴的转动惯量减小，则其旋转角速度变大。反之，若芭蕾舞演员对于转轴的转动惯量增加，则其旋转角速度将变小。

（2）同理，由于角动量守恒，如跳水运动员、杂技演员、花样滑冰运动员等，均可利用肢体的变化，使得其对转轴的转动惯量发生改变，从而获得自身旋转角速度的改变，达到旋转花样多变的观赏效果。

4.12 设有长 $l=100\text{cm}$ 细杆如题 4.12 图所示，可绕过其上端的水平光滑固定轴 O 在竖直平面内转动，已知细杆对于 O 轴的转动惯量 $J=20\,\text{kg}\cdot\text{m}^2$，且初态细杆静止并自然下垂。若位于细杆下端水平射入质量 $m=0.01\text{kg}$、速率 $v=400\text{m}\cdot\text{s}^{-1}$ 的子弹并嵌入杆内，试求子弹射入细杆下端瞬间，杆和子弹的转动角速度及转动动能：

解：分析 将子弹视为质点与细杆构成刚体系统，由角动量守恒定律及转动动能定义可解。选取地面为惯性系，取子弹射入细杆前，且无限接近细杆时为初态。选取子弹水平射入细杆下端瞬间为末态，该过程相对转轴刚体

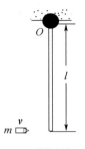

4.12 题用图

系统不受外力矩作用，故子弹射入细杆前、后角动量守恒。由此可求得杆和子弹的转动角速度、转动动能分别为：

$$(1)\ lmv = (J + ml^2)\omega \Rightarrow \omega = \frac{lmv}{J + ml^2} = 0.2(\text{rad} \cdot \text{s}^{-1}) \tag{4.12.1}$$

$$(2)\ E = \frac{1}{2}(J + ml^2)\omega^2 = 0.4(\text{J}) \tag{4.12.2}$$

说明：将子弹视为质点，故射入细杆前，且无限接近细杆时，子弹重力相对转轴 O 的力矩，由于力臂无限小而近似为零。而子弹射入细杆下端瞬间，细杆处于尚未转动仍处于自然下垂状态，故子弹重力相对转轴 O 的力矩由于力臂为零而为零，故相对转轴子弹射入细杆前、后该系统角动量守恒。

第 5 章　静电场

内容总结

5.1　教学基本要求

（1）理解描述静电场的电场强度、电势等基本物理量，掌握其求解思路和方法。

（2）掌握电场强度叠加原理、电势叠加原理及其应用。

（3）理解电场线、电场强度通量等基本概念，掌握计算简单问题通量的方法。

（4）理解库仑定律、高斯定理、静电场环路定理，掌握应用其求解问题的思路和方法。

（5）了解电场强度与电势的微分关系。

（6）了解电偶极子概念及其在均匀电场中的受力和计算。

5.2　学习指导

对于本章的学习，应当重点掌握电场强度、电势两个描述静电场的基本物理量及其计算。熟练掌握应用点电荷电场强度和叠加原理，以及应用高斯定理求解连续带电体电场强度的思路和方法。熟练掌握应用点电荷电势和叠加原理，以及电势定义求解连续带电体电势的思路和方法。本章需要强调对称性分析方法和数学方法的运用，熟练掌握矢量运算和矢量积分在本章的应用，特别对于静电场高斯定理的应用，应当注意掌握结合对称性分析选取微元的积分计算。值得一提的是，点电荷是理想模型，是在真实原型基础之上，去除次要矛盾建立的高度抽象的理想客体。理想模型又分为条件模型、过程模型及对象模型，质点、刚体、点电荷等均属于后者。理想化方法为创造性思维基本方法，该方法包括理想模型和理想实验。

5.2.1　内容提要

（1）两类基本物理量：电场强度、电势。

（2）中心问题：描述电场、计算电场。

（3）三条实验规律：库仑定律、电荷守恒定律、静电力叠加原理。

（4）两项叠加原理：电场强度叠加原理、电势叠加原理。

（5）两项基本定理：静电场高斯定理、静电场环路定理。

5.2.2　重点解析

（1）电场中某点的电场强度，为位于该点正的单位试验电荷所受的电场力。点电荷系在任意点激发的电场强度，等于各点电荷单独存在时在该点激发电场强度的矢量和，即电场强度叠加原理。利用该原理，理论上可应用定积分计算任意连续带电体激发的电场强度，但实际上仅有部分带电体可以通过定积分得到解析解。关于定积分应当重视电荷元的选取技巧，此举可以将多重积分简化。还要自觉应用对称性分析方法解决问题，该方法常常可以起到简化计算的作用。

（2）库仑定律是电磁学三大基本实验定律之一，适用于真空中静止的点电荷。库仑力为有心力且满足牛顿第三定律。静电场高斯定理是关于电通量的定理，该定理表明静电场是有源场。该定理由库仑定律及电场强度叠加原理导出，但比库仑定律应用范围更广泛，是描述电磁场的基本方程之一。静电场环路定理表明静电场是保守场。

（3）求解电场强度的基本方法有三种：电场强度叠加法、高斯定理法、电势梯度法。若带电体电荷分布具有对称性，则应首先考虑应用高斯定理求解电场强度，故对称性分析方法的掌握至关重要。

（4）求解电势的基本方法有两种：电势叠加法、电场强度积分法。

（5）若已知连续带电体的电荷分布，其任意点的电场强度可应用点电荷电场强度及电场强度叠加原理积分求解。

（6）若已知连续带电体的电荷分布，其任意点的电势可应用点电荷电势及电势叠加原理积分求解。

5.2.3　连续带电体电场强度叠加法基本求解步骤

（1）选取适当的坐标系及电荷元。

（2）写出电荷元对应电场强度微元的矢量式。

（3）作图标出电荷元在场点激发电场强度微元的方向，在所选坐标系将其分解。

（4）应用定积分求得电场强度。

（5）讨论与总结。

5.2.4　高斯定理法求解电场强度基本步骤

（1）应用对称性分析方法，分析带电体电场的对称性及电场强度方向的规律性。

（2）由电场的对称性适当选取高斯面，以便将电场强度由积分号内提取出来。

（3）求出通过高斯面的电场强度通量及高斯面内的电荷。

（4）由高斯定理求得电场强度。

（5）讨论与总结。

5.2.5　电场强度积分法求解电势问题基本步骤

（1）由带电体特点选取电势零点。

（2）求出带电体的电场强度。

（3）选取合适的积分路径，利用电势定义式求得电势。

（4）讨论与总结。

问题分析解答与讨论说明

5.1　设两个相同的金属带电小球被固定，其中心间距 0.5m，且以 0.108N 的静电场力相互吸引。若先用细导线将两球连接，再移去导线，则两球以 0.036N 的静电场力相互排斥，试求两小球初态所携带电荷。

解：分析　由题意，两个金属带电小球可视为点电荷，故由库仑定律可解。设两小球初态所携带电荷分别为 q_1、q_2，由于两小球相同，则导线连接后所携带电荷应无区别，设为 $(q_1+q_2)/2$。于是由库仑定律求得导线连接前后沿两者中心连线相互作用力大小为：

$$F_1 = \frac{1}{4\pi\varepsilon_0} \frac{q_1 q_2}{r^2} \qquad (5.1.1)$$

$$F_2 = \frac{1}{4\pi\varepsilon_0} \frac{(q_1+q_2)^2}{4r^2} \qquad (5.1.2)$$

将已知 $F_1 = -0.108\text{N}$、$F_2 = 0.036\text{N}$、$r = 0.5\text{m}$ 代入式（5.1.1）、（5.1.2）得到两球初态分别携带电荷为：

$$\begin{cases} q_1 = 1 \times 10^{-6}\,(\text{C}) \\ q_2 = -3 \times 10^{-6}\,(\text{C}) \end{cases} \qquad (5.1.3)$$

说明：由于两金属小球相同，故静电平衡时所带电量应当相同，教材第 6 章将详细介绍导体的静电平衡问题。

5.2　已知氢原子由一个核内质子和一个核外电子组成，设基态电子绕核

运转轨道半径约为 5.3×10^{-11} m，试求氢原子核内质子、电子间相互作用力大小。

解：分析 本题为点电荷作用力的问题。氢原子的质子与电子均可视为点电荷，且两者间相互作用力主要为库仑力。电子、质子携带等量异号电荷，所带电量 q 为 1.602×10^{-19} C，故由库仑定律知两者间相互作用力大小为：

$$F = \frac{1}{4\pi\varepsilon_0} \frac{q^2}{r^2} = \frac{(1.602 \times 10^{-19})^2}{4\pi \times 8.85 \times 10^{-12} \times (5.3 \times 10^{-11})^2}$$
$$= 8.22 \times 10^{-8}(\text{N}) \tag{5.2.1}$$

说明： 本教材所涉及电磁学问题均为宏观问题，属于经典电磁理论范畴，故原子的质子与电子间相互作用力均可视为库仑力和万有引力，但相比较后者为小量，故可忽略不计。

5.3 著名英国物理学家卢瑟福在其 α 粒子散射实验证明，当两个原子核间距小到 10^{-15} m 时，两者间排斥力仍然遵守库仑定律。试计算当 α 粒子与金原子核相距 1×10^{-14} m 时，前者所受后者斥力大小。

解：分析 本题为库仑定律应用问题。将 α 粒子、金原子核视为点电荷，由库仑定律可解，于是得到 α 粒子受到金原子核斥力大小为：

$$F = \frac{1}{4\pi\varepsilon_0} \frac{q_1 q_2}{r^2} = \frac{79 \times 1.602 \times 10^{-19} \times 2 \times 1.602 \times 10^{-19}}{4\pi \times 8.85 \times 10^{-12} \times (1 \times 10^{-14})^2}$$
$$= 364.8(\text{N}) \tag{5.3.1}$$

说明： 其实 α 粒子携带 2 个正电荷、金原子核携带 79 个正电荷。值得注意的是，在经典电磁理论范畴，本题 α 粒子及金原子核两个电荷系统均可视为质点，故仍可应用库仑定律求解。

5.4 设两个带电小球分别携带电 $q_1 = 2.1 \times 10^{-8}$ C，$q_2 = -8.4 \times 10^{-8}$ C，若两者相距 0.5m 且被固定，试确定两者连线上合场强 $\boldsymbol{E} = 0$ 的点。

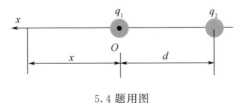

5.4 题用图

解：分析 本题为电场强度叠加原理的应用问题。建立坐标系如题 5.4 图所示，设 q_1 位于坐标原点。由题意两带电小球均可视为点电荷，故由点电荷电场强度及电场强度叠加原理知，电场强度为零的点应在两点电荷外侧，且距离 q_1 较近，设该点距离 q_1 为 x，于是令两带电小球在坐标轴上距 q_1 为 x

处的合场强为零，则有：

$$E_1 + E_2 = \frac{1}{4\pi\varepsilon_0} \frac{q_1}{x^2} + \frac{1}{4\pi\varepsilon_0} \frac{q_2}{(x+d)^2} = 0 \Rightarrow x = 0.5(\text{m}) \quad (5.4.1)$$

总结： 若两个带电小球所携带电荷同号，则合场强 $E = 0$ 的点位于二者之间，且距所带电量绝对值小者较近，若两带电小球所携带电荷异号，则合场强 $E = 0$ 的点位于二者外侧，且在所带电量绝对值小者一侧。

5.5 设氢原子核外电子绕核圆周运动的半径为 5.3×10^{-11} m，试求其电子所在处原子核 E 的大小。

解：分析 将原子核视为点电荷，则距离原子核为 5.3×10^{-11} m 处电场强度大小为：

$$E = \frac{1}{4\pi\varepsilon_0} \frac{q}{r^2} = \frac{1.602 \times 10^{-19}}{4\pi \times 8.85 \times 10^{-12} \times (5.3 \times 10^{-11})^2}$$

$$= 5.13 \times 10^{11} \ (\text{N} \cdot \text{C}^{-1}) \quad (5.5.1)$$

讨论： 氢原子核也可视为均匀带电球体，因为均匀带电球体外某点的电场强度，与位于球心处相同电量点电荷在相同点激发电场强度相同，故虽然计算模型不同，但计算结果无区别。值得注意的是，均匀带电球体内、外的电场强度有所不同，可参见 5.18 题。

5.6 均匀带电为 q 的细导线被弯成半径为 r 的半圆，试求圆心处 E 的大小。

解：分析 本题为连续分布带电体电场强度的计算问题。如题 5.6 图所示，在圆弧上选取电荷元 $\mathrm{d}q = \frac{q}{\pi r}\mathrm{d}l$，对应弧长 $\mathrm{d}l = r\mathrm{d}\theta$，其在圆心处电场强度 $\mathrm{d}\boldsymbol{E} = \frac{1}{4\pi\varepsilon_0} \frac{\mathrm{d}q}{r^2} \boldsymbol{e}_r$。由于半圆环的对称性，圆弧上各电荷元在圆心处激发 $\mathrm{d}\boldsymbol{E}$ 的分布也具有对称性，故其在 x 轴上分量互相抵消，而在 y 轴上分量方向相同，故总电场强度大小为：

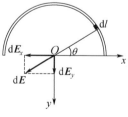

5.6 题用图

$$E = \int_l \mathrm{d}E_y = \int_l \mathrm{d}E\sin\theta = \int_l \frac{1}{4\pi\varepsilon_0} \frac{q}{\pi r^3} \mathrm{d}l\sin\theta = \int_0^\pi \frac{q}{4\pi^2\varepsilon_0 r^2}\sin\theta\mathrm{d}\theta$$

$$= \frac{q}{2\pi^2\varepsilon_0 r^2} \quad (5.6.1)$$

总结与讨论：

（1）若将细导线弯成圆环，则圆心处 $E=0$。若将其弯成四分之一圆，则式（5.6.1）的积分上、下限变为 $3\pi/4$、$\pi/4$，则可得到 $E=\sqrt{2}q/(4\pi^2\varepsilon_0 r^2)$。

（2）对于此类计算连续分布带电体电场强度的问题，应当首先由题意适当选取电荷元，然后依据电场强度叠加原理，由定积分求解，求解过程应当尽量利用带电体的对称性简化计算。

（3）上述计算仅局限于均匀带电细圆环圆心处的电场强度，其实应用 MATLAB 对均匀带电细圆环在空间激发的电场进行计算机模拟，可以输出带电圆环附近任意一点的电场强度，实现电场的可视化。本教学团队指导山东交通学院理学院本科生对该问题进行了研究，相关论文"均匀带电细圆环电场的计算机模拟"，2012 年发表于《物理与工程》第 4 期。

5.7　长为 L 的细绝缘杆均匀带电为 q，试求其中垂线上一点电场强度的大小。

解：分析　本题为连续分布带电体电场强度的计算问题。首先由题意适当选取电荷元，然后依据电场强度叠加原理，由定积分求得结果。设如题 5.7 图所示细杆上距坐标原点 x 处选取电荷元，其电量 $\mathrm{d}q=q\mathrm{d}x/L$，故其在 P 点的电场强度为：

$$\mathrm{d}\boldsymbol{E}=\frac{1}{4\pi\varepsilon_0}\frac{\mathrm{d}q}{r^2}\boldsymbol{e}_r \tag{5.7.1}$$

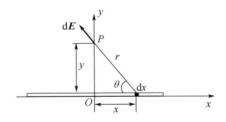

5.7 题用图

因为细杆相对于 y 轴对称，各电荷元的电场强度沿 x 轴方向分量因对称相互抵消，故 P 点电场强度大小即为各电荷元电场强度在该点沿 y 轴分量的叠加：

$$E=\int_L\mathrm{d}E_y=\int_L\mathrm{d}E\sin\theta=\int_L\frac{1}{4\pi\varepsilon_0}\frac{q}{r^2 L}\mathrm{d}x\sin\theta \tag{5.7.2}$$

$$E=\int_{-\frac{L}{2}}^{\frac{L}{2}}\frac{qy}{4\pi\varepsilon_0 L}(y^2+x^2)^{-\frac{3}{2}}\mathrm{d}x=\frac{q}{4\pi\varepsilon_0 y\sqrt{\dfrac{L^2}{4}+y^2}} \tag{5.7.3}$$

讨论：

（1）积分过程应用了关系式：$r^2 = y^2 + x^2$，$\sin\theta = \dfrac{y}{r} = \dfrac{y}{\sqrt{y^2 + x^2}}$；

（2）若 $y \gg L$，则由式（5.7.3）取近似得到 $E = q/(4\pi\varepsilon_0 y^2)$，该结果为置于坐标原点处电量为 q 的点电荷在 y 处所激发电场，即此时细杆可近似视为点电荷。

5.8 钚原子的原子序数 94，核半径约为 6.64×10^{-15} m，若设正电荷均匀分布于核内，试求核外表面附近由正电荷产生电场强度的大小。

解：分析 本题为均匀带电球体外表面附近电场强度的计算，由于带电体具有球对称性，故首选应用高斯定理求解。钚原子所携带正电荷由题意可视为均匀带电球体，电荷球对称分布导致电场的球对称性。选择钚原子核球心为中心，以稍大于原子核球体的球面为高斯面。由对称性可知，该球面上各点电场强度大小相同，方向均垂直球面向外，且所有正电荷均在球面内部，故应用高斯定理解得：

$$\oint \boldsymbol{E} \cdot \mathrm{d}\boldsymbol{s} = E \oint \mathrm{d}s = E \cdot 4\pi r^2 = Q/\varepsilon_0 \tag{5.8.1}$$

$$\begin{aligned} E &= \frac{Q}{4\pi\varepsilon_0 r^2} = \frac{94 \times 1.602 \times 10^{-19}}{4\pi \times 8.85 \times 10^{-12} \times (6.64 \times 10^{-15})^2} \\ &= 3.07 \times 10^{21} (\mathrm{N \cdot C^{-1}}) \end{aligned} \tag{5.8.2}$$

总结：

（1）应当注意的是，应用高斯定理求解电场强度，对称性分析至关重要。对于本题由对称性可知，所选高斯面上各点电场强度大小相同，方向均垂直球面向外，于是有 $\oint \boldsymbol{E} \cdot \mathrm{d}\boldsymbol{s} = E \oint \mathrm{d}s = E \cdot 4\pi r^2$。

（2）本题也可应用电场强度叠加原理直接积分得结果，但相对于高斯定理求解较为繁琐。

5.9 均匀带电为 Q 的橡胶球壳，其内外半径分别为 R_1、R_2，试求其电场强度的空间分布。

解：分析 本题为均匀带电球壳电场强度的求解问题，可假设 $Q > 0$ 求解。由于带电体呈球对称分布，故电场强度也具有球对称性，且球壳将空间分为三部分，分别在每一部分对应空间，取橡胶球壳同心球面为高斯面，高斯面上各点电场强度大小相等，方向均垂直球面向外沿径矢 $\boldsymbol{e}_r$ 方向，故可应用高斯定理求得：

（1）$r < R_1$，高斯面内包围电荷为零，故电场强度为零，即 $E = 0$。

（2）$R_1 < r < R_2$，高斯面内包围电荷及对应电场强度为：

$$\sum q = \frac{Q}{\frac{4}{3}\pi(R_2^3 - R_1^3)} \cdot \frac{4}{3}\pi(r^3 - R_1^3) = \frac{r^3 - R_1^3}{R_2^3 - R_1^3}Q \qquad (5.9.1)$$

$$\oint \boldsymbol{E} \cdot \mathrm{d}\boldsymbol{s} = E \cdot 4\pi r^2 = \frac{1}{\varepsilon_0} \frac{(r^3 - R_1^3)}{(R_2^3 - R_1^3)}Q$$

$$\Rightarrow \boldsymbol{E} = \frac{Q(r^3 - R_1^3)}{4\pi\varepsilon_0(R_2^3 - R_1^3)r^2}\boldsymbol{e}_r \qquad (5.9.2)$$

（3）$r > R_2$，高斯面内包围电荷为 Q，故得到：

$$\oint \boldsymbol{E} \cdot \mathrm{d}\boldsymbol{s} = E \cdot 4\pi r^2 = Q/\varepsilon_0 \Rightarrow \boldsymbol{E} = \frac{Q}{4\pi\varepsilon_0 r^2}\boldsymbol{e}_r \qquad (5.9.3)$$

讨论：

（1）均匀带电橡胶球壳的 $E = E(r)$ 函数图像如题 5.9 图所示，$r < R_1$ 时电场强度为零。

（2）当 $R_1 < r < R_2$ 时，电场强度逐渐增加，达到最大值 $\dfrac{Q}{4\pi\varepsilon_0 R_2^2}$。

（3）$r > R_2$ 时电场强度逐渐减小，当到达无穷远处时，电场强度趋于零。

（4）若假设 $Q < 0$，则上述结果中，所带电量前增加负号即可。

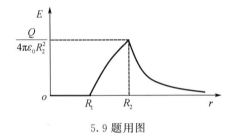

5.9 题用图

5.10　已知靠近地球表面 $\boldsymbol{E}$ 大小约为 $100\mathrm{N} \cdot \mathrm{C}^{-1}$，方向垂直于地面向下。若距地面 1.5km 高处，$\boldsymbol{E}$ 也垂直于地面向下，其大小约为 $25\mathrm{N} \cdot \mathrm{C}^{-1}$。若地球所携带电荷均匀分布于其表面，取其半径为 $6.4 \times 10^6 \mathrm{m}$，试求：

（1）地球表面电荷面密度 σ。

（2）地面至 1.5km 内大气层电荷体密度 ρ。

解： 分析　本题为高斯定理应用问题。地球所携带电荷均匀分布于其表面，故可视其为均匀带电球面，而地球外部空间的大气层可视为均匀带电球壳，且电场强度均与地面垂直，故作与地球球面同心球面为高斯面，应用高斯定理可解：

（1）在地球表面附近取与地球同心球面为高斯面，其半径 R 稍大于地球半径，可近似取两者相等，由高斯定理得到地球表面电荷面密度为：

$$\oint \boldsymbol{E} \cdot \mathrm{d}\boldsymbol{s} = -E \cdot 4\pi R^2 = Q/\varepsilon_0 \Rightarrow \frac{Q}{4\pi R^2} = -E\varepsilon_0 \qquad (5.10.1)$$

$$\sigma = \frac{Q}{4\pi R^2} = -E\varepsilon_0 = -100 \times 8.85 \times 10^{-12}$$

$$= -8.85 \times 10^{-10}(\mathrm{C} \cdot \mathrm{m}^{-2}) \qquad (5.10.2)$$

（2）距地球表面 1.5km 处取与地球同心球面为高斯面，设其半径为 r，应用高斯定理得到地面至 1.5km 内大气层电荷体密度为：

$$\oint \boldsymbol{E} \cdot \mathrm{d}\boldsymbol{s} = -E \cdot 4\pi r^2 = \sum q/\varepsilon_0 \qquad (5.10.3)$$

又有 $(r-R) \ll R$，故地球表面大气层体积近似为 $\frac{4}{3}\pi(r^3 - R^3) = 4\pi R^2(r-R)$，则上式变为：

$$-E \cdot 4\pi r^2 = \frac{4\pi R^2 \sigma + 4\pi R^2 (r-R)\rho}{\varepsilon_0}$$

$$\Rightarrow \rho \approx 4.43 \times 10^{-13}(\mathrm{C} \cdot \mathrm{m}^{-3}) \qquad (5.10.4)$$

说明：若地球所携带电荷均匀分布于整个球体，则该题变为球壳嵌套同心球体问题，可应用类似方法求得地球电荷体密度。

5.11 自然界的闪电在可见部分之前有一不可见过程，该阶段产生的电子柱从浮云向下一直延伸到地面。组成电子柱的电子来自于浮云和位于该柱体内被电离的空气分子，一旦电子柱延伸达地面，其内的电子便迅速倾泻于地面，于是运动电子与柱体内空气碰撞产生明亮的闪光，形成闪电的可见部分。设沿电子柱柱体的电荷线密度为 $-1 \times 10^{-3}\,\mathrm{C} \cdot \mathrm{m}^{-1}$，若空气分子在超过 $2.4 \times 10^6\,\mathrm{N} \cdot \mathrm{C}^{-1}$ 的电场中被击穿，试求该柱体的半径。

解：分析 本题为已知圆柱体表面电场强度求解其半径的问题，可应用高斯定理求解。电子柱可视为无限长均匀带电圆柱体，$2.4 \times 10^6\,\mathrm{N} \cdot \mathrm{C}^{-1}$ 即为该圆柱体外侧表面处的电场强度。由题意可知，圆柱体电荷呈轴对称分布，故其电场强度也应为轴对称分布，且沿电子柱径矢方向。在圆柱体外侧表面处，取与柱体同轴且半径略大、高度为 h 的圆柱面作为高斯面，该圆柱面外侧表面处电场强度大小相等，且与外侧表面垂直，该圆柱面上下底面处电场强度与底面平行，即 $\boldsymbol{E} \cdot \mathrm{d}\boldsymbol{s} = 0$。于是由高斯定理得到电子柱半径为：

$$\oint \boldsymbol{E} \cdot \mathrm{d}\boldsymbol{s} = -E \cdot 2\pi rh = \frac{-\sum q}{\varepsilon_0} = \frac{-\lambda h}{\varepsilon_0} \qquad (5.11.1)$$

$$r = \frac{\lambda}{2\pi\varepsilon_0 E} = \frac{1 \times 10^{-3}}{2 \times 3.14 \times 8.85 \times 10^{-12} \times 2.4 \times 10^6}$$

$$= 7.5(\mathrm{m}) \qquad (5.11.2)$$

5.12 两个携带等量异号电荷的无限长同轴圆柱面，其内、外半径分别为 R_1、R_2，若单位长度电荷为 λ，试求 E。

解：分析 本题电荷分布具有轴对称性，可应用高斯定理求解。电荷分布在无限长同轴圆柱面上，故电场强度也具有轴对称性，且沿径矢 e_r 方向，两圆柱面将空间分为三部分，在不同空间取半径 r、高度 h 的同轴圆柱面为高斯面，注意到上下底面电场强度通量为零，故 $\oint E \cdot \mathrm{d}s = E \cdot 2\pi rh$，于是由高斯定理解得电场强度的分布为：

$$\oint E \cdot \mathrm{d}s = E \cdot 2\pi rh = \frac{\sum q}{\varepsilon_0} \tag{5.12.1}$$

$$r < R_1, \quad \sum q = 0 \Rightarrow E = 0 \tag{5.12.2}$$

$$R_1 < r < R_2, \quad \sum q = \lambda h \Rightarrow E = \frac{\lambda}{2\pi\varepsilon_0 r}e_r \tag{5.12.3}$$

$$r > R_2, \quad \sum q = 0 \Rightarrow E = 0 \tag{5.12.4}$$

讨论： 由此可见，两个携带等量异号电荷无限长同轴圆柱面的电场，仅分布于两柱面之间，且沿径矢方向，而其轴心处和其外部空间均无电场。

5.13 已知半径为 R 且无限长的均匀带电圆柱体，电荷体密度 ρ，试求圆柱体内外 E。

解：分析 本题为应用高斯定理求解电场强度轴对称分布问题。由于电荷均匀分布在圆柱体上，故电场强度也呈轴对称分布，且沿径矢 e_r 方向，圆柱体将空间分为两部分，在不同空间取半径 r、高度 h 的同轴圆柱面为高斯面，且上下底面电场强度通量为零，于是由高斯定理求得各空间电场强度为：

$$(1) \; r < R, \quad \sum q = \rho\pi r^2 h \Rightarrow \oint E \cdot \mathrm{d}s = E \cdot 2\pi rh = \frac{\rho\pi r^2 h}{\varepsilon_0} \tag{5.13.1}$$

$$E = \frac{\rho r}{2\varepsilon_0}e_r \tag{5.13.2}$$

$$(2) \; r > R, \quad \sum q = \rho\pi R^2 h \Rightarrow \oint E \cdot \mathrm{d}s = E \cdot 2\pi rh = \frac{\rho\pi R^2 h}{\varepsilon_0} \tag{5.13.3}$$

$$E = \frac{\rho R^2}{2\varepsilon_0 r}e_r \tag{5.13.4}$$

总结： 由上述结果可知，无限长均匀带电圆柱体内电场强度大小与距离 r 呈正比，而无限长均匀带电圆柱体外电场强度大小与距离 r 呈反比。

5.14 设有两平行无限大均匀带电平板 A、B，电荷面密度均为 $+\sigma$，试求其电场强度分布。

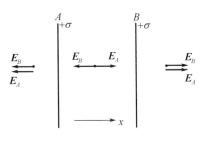

5.14 题用图

解：**分析**　本题为无限大均匀带电平板电场强度的计算问题。电荷面密度为 $+\sigma$ 的无限大均匀带电平板，形成垂直于平板的匀强电场，大小为 $\sigma/(2\varepsilon_0)$，两平板平行放置时，如题 5.14 图所示将空间分为三部分，应用电场强度叠加原理，每部分的电场强度为两平板单独存在时电场强度的矢量和：

（1）两平板之间：$\boldsymbol{E} = \boldsymbol{E}_A + \boldsymbol{E}_B = \left(\dfrac{\sigma}{2\varepsilon_0} - \dfrac{\sigma}{2\varepsilon_0}\right)\boldsymbol{i} = 0$　　　　　(5.14.1)

（2）左侧区域：$\boldsymbol{E} = \boldsymbol{E}_A + \boldsymbol{E}_B = -\dfrac{\sigma}{2\varepsilon_0}\boldsymbol{i} + \left(-\dfrac{\sigma}{2\varepsilon_0}\right)\boldsymbol{i} = -\dfrac{\sigma}{\varepsilon_0}\boldsymbol{i}$　　(5.14.2)

（3）右侧区域：$\boldsymbol{E} = \boldsymbol{E}_A + \boldsymbol{E}_B = \left(\dfrac{\sigma}{2\varepsilon_0} + \dfrac{\sigma}{2\varepsilon_0}\right)\boldsymbol{i} = \dfrac{\sigma}{\varepsilon_0}\boldsymbol{i}$　　　(5.14.3)

讨论：两平板携带等量同号电荷时，两板间 $E = 0$，两板外侧电场强度大小均为 $E = \sigma/\varepsilon_0$，其方向如题 5.14 图所示。若两平行无限大平板携带不同电荷，或多个平行且无限大带电平板组合，其空间电场强度的计算，均可由上述电场强度叠加原理处理。

5.15　设靠近地球表面处 $\boldsymbol{E}$ 大小为 $100\mathrm{N} \cdot \mathrm{C}^{-1}$，方向垂直地面向下。若地面电子被释放，就会受到静电场力作用，试求所释放电子竖直向上通过距离 500m 时静电场力做的功。

解：**分析**　由于地球半径远远大于 500m，故其表面附近可近似视为匀强电场，于是本题可简化为匀强电场对电子做功问题。于是有：

$$W = \int_l \boldsymbol{F} \cdot \mathrm{d}\boldsymbol{l} = q\int_l \boldsymbol{E} \cdot \mathrm{d}\boldsymbol{l} = eEL = 6.02 \times 10^{-19} \times 100 \times 500$$

$$= 3.01 \times 10^{-14}(\mathrm{J}) \tag{5.15.1}$$

说明：本题亦可用电场力做功与电势差关系式 $W = qU_{AB} = q\displaystyle\int_l \boldsymbol{E} \cdot \mathrm{d}\boldsymbol{l}$ 求解。

5.16　设电偶极矩 $\boldsymbol{p} = q\boldsymbol{l}$ 的电偶极子如题 5.16 图所示，若点电荷 q_0 沿半径为 R 的半圆路径 l 从 A 点运动至 B 点，试求 q_0 所受电场力做的功。

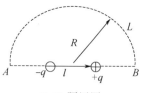

5.16 题用图

解：分析 本题为电场力功的计算问题。可用两种方法求解。由于电场力做功与路径无关，只与始末状态有关，故可分别计算电偶极子两个点电荷单独存在时，其电场力对 q_0 做功，然后再求总功。或者先求电偶极子的电势及电势差，再通过电势差求电场力的总功。

（1）点电荷 q_0 在正、负电荷激发电场中从 A 点运动到 B 点，电场力做功及总功分别为：

$$W_1 = -\frac{qq_0}{4\pi\varepsilon_0}\left(\frac{1}{R-\frac{l}{2}} - \frac{1}{R+\frac{l}{2}}\right) \tag{5.16.1}$$

$$W_2 = \frac{qq_0}{4\pi\varepsilon_0}\left(\frac{1}{R+\frac{l}{2}} - \frac{1}{R-\frac{l}{2}}\right) \tag{5.16.2}$$

$$W = -\frac{qq_0}{4\pi\varepsilon_0}\left(\frac{1}{R-\frac{l}{2}} - \frac{1}{R+\frac{l}{2}}\right) + \frac{qq_0}{4\pi\varepsilon_0}\left(\frac{1}{R+\frac{l}{2}} - \frac{1}{R-\frac{l}{2}}\right)$$

$$= -\frac{qq_0 l}{2\pi\varepsilon_0\left(R^2 - \frac{l^2}{4}\right)} \tag{5.16.3}$$

（2）电偶极子在 A、B 两点的电势、电势差及总功分别为：

$$V_A = \frac{q}{4\pi\varepsilon_0\left(R+\frac{l}{2}\right)} + \frac{-q}{4\pi\varepsilon_0\left(R-\frac{l}{2}\right)} \tag{5.16.4}$$

$$V_B = \frac{q}{4\pi\varepsilon_0\left(R-\frac{l}{2}\right)} + \frac{-q}{4\pi\varepsilon_0\left(R+\frac{l}{2}\right)} \tag{5.16.5}$$

$$U_{AB} = V_A - V_B = -\frac{ql}{2\pi\varepsilon_0\left(R^2 - \frac{l^2}{4}\right)} \tag{5.16.6}$$

$$W = q_0 U_{AB} = -\frac{qq_0 l}{2\pi\varepsilon_0\left(R^2 - \frac{l^2}{4}\right)} \tag{5.16.7}$$

讨论： 由上述结果可知，若 q_0 为正电荷，电场力做负功。若 q_0 为负电荷，则电场力做正功。

5.17 电矩 $\boldsymbol{p} = q\boldsymbol{l}$ 的电偶极子如题 5.17 图所示处于均匀外电场中，试求其电势能。

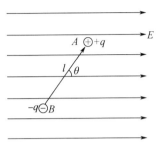

5.17 题用图

解：分析 本题涉及电偶极子电势能的计算问题，其实就是点电荷的电势能问题。电偶极子的电势能为两个点电荷单独存在时电势能之和，而点电荷电势能与其电势关系为 $E_p = qV$。设位于均匀外电场 A、B 两点电偶极子正、负电荷的电势分别为 V_A、V_B，则相应电势能及电偶极子在外电场电势能分别为：

$$E_{p+} = qV_A, \ E_{p-} = -qV_B \tag{5.17.1}$$

$$E_p = E_{p+} + E_{p-} = -q(V_B - V_A) = -qU_{BA} \tag{5.17.2}$$

$$E_p = -qU_{BA} = -q\int_B^A \boldsymbol{E} \cdot \mathrm{d}\boldsymbol{l} = -q\boldsymbol{l} \cdot \boldsymbol{E} = -\boldsymbol{p} \cdot \boldsymbol{E} = -qlE\cos\theta \tag{5.17.3}$$

总结：由上述结果可知，当电偶极子取向与外电场一致时，电势能最低。取向与外电场相反时，电势能最高。当电偶极子取向与外电场方向垂直时，电势能为零。

5.18 金原子核可视为半径 $R = 7.0 \times 10^{-15}\,\mathrm{m}$ 的均匀带电球体，试求：

（1）原子核表面电势 V_R。

（2）原子核中心电势 V_0。

解：分析 本题为有限大均匀带电球体电势分布的计算问题。由于电荷分布的球对称性，故电场强度也具有球对称性，故先由高斯定理计算电场强度，选取无限远处为零势点，再由电场强度积分计算电势。于是由高斯定理求得电场强度分布为：

$$r < R \Rightarrow \boldsymbol{E}_R = \frac{Qr}{4\pi\varepsilon_0 R^3}\boldsymbol{e}_r \tag{5.18.1}$$

$$r > R \Rightarrow \boldsymbol{E}_r = \frac{Q}{4\pi\varepsilon_0 r^2}\boldsymbol{e}_r \tag{5.18.2}$$

(1) $V_R = \int_R^{\infty} \boldsymbol{E}_r \cdot d\boldsymbol{l} = \int_R^{\infty} \frac{Q}{4\pi\varepsilon_0 r^2} dr = \frac{Q}{4\pi\varepsilon_0 R} = 1.63 \times 10^7 (\text{V})$ (5.18.3)

(2) $V_0 = \int_r^{\infty} \boldsymbol{E} \cdot d\boldsymbol{l} = \int_0^R \boldsymbol{E}_R \cdot d\boldsymbol{l} + \int_R^{\infty} \boldsymbol{E}_r \cdot d\boldsymbol{l} = \frac{Q}{8\pi\varepsilon_0 R} + \frac{Q}{4\pi\varepsilon_0 R}$

$$= 2.44 \times 10^7 (\text{V}) \tag{5.18.4}$$

总结：由计算结果可知，球心处电势最高，表面处电势较小，无限远处为其零势点。

5.19 设有球形水滴带电 3×10^{-11}C，若取无穷远处 $V_{\infty} = 0$，则水滴表面电势 V 为 300V。试求：

(1) 水滴半径。

(2) 两同样水滴合二为一，大水滴表面电势 V。

解：分析 球形水滴可视为均匀带电球面，且本题为有限大带电体，故选无限远处为电势零点。由高斯定理可求解其电场强度，由电场强度可求得表面电势，由电势即可求得半径。同理，合二为一后由体积可获得大水滴半径，再由高斯定理可求得其电场强度，继而求得电势，于是得到如下结果：

(1) $$r < R \Rightarrow E_1 = 0 \tag{5.19.1}$$

$$r > R \Rightarrow \boldsymbol{E}_2 = \frac{Q}{4\pi\varepsilon_0 r^2} \boldsymbol{e}_r \tag{5.19.2}$$

$$V = \int_r^{\infty} \boldsymbol{E} \cdot d\boldsymbol{l} = \int_R^{\infty} \boldsymbol{E}_2 \cdot d\boldsymbol{l} = \int_R^{\infty} \frac{Q}{4\pi\varepsilon_0 r^2} dr = \frac{Q}{4\pi\varepsilon_0 R} \tag{5.19.3}$$

$$R = \frac{Q}{4\pi\varepsilon_0 V} = \frac{3 \times 10^{-11}}{4\pi \times 8.85 \times 10^{-12} \times 300} = 9 \times 10^{-4} (\text{m}) \tag{5.19.4}$$

(2) $$\frac{4}{3}\pi R'^3 = 2 \times \frac{4}{3}\pi R^3 \Rightarrow R' = 2^{\frac{1}{3}} R \tag{5.19.5}$$

$$\boldsymbol{E}_3 = \frac{2Q}{4\pi\varepsilon_0 r^2} \boldsymbol{e}_r \tag{5.19.6}$$

$$V' = \int_{R'}^{\infty} \boldsymbol{E}_3 \cdot d\boldsymbol{l} = \int_{R'}^{\infty} \frac{2Q}{4\pi\varepsilon_0 r^2} dr = \frac{2Q}{4\pi\varepsilon_0 R'} = 2^{\frac{2}{3}} V \tag{5.19.7}$$

$$= 476.19 (\text{V})$$

说明：由上述计算结果可知，由于两个同样的水滴合二为一，则水滴半径增大，表面携带电量增加，故其表面电势增大。

5.20 设有电荷线密度 λ 无限长均匀带电直导线，试求其电势分布。

解：分析 本题为无限长轴对称带电分布问题。其电荷呈轴对称分布，故其电场也应为轴对称分布，可由高斯定理先求解电场强度，最后计算电势分布。作半径 r、高度 h 的同轴圆柱面为高斯面，由高斯定理可解得其电场分布，如题 5.20 图所示取距离导线 r_0 处 A 点为电势零点，进而得到其电势分布：

$$E = \frac{\lambda}{2\pi\varepsilon_0 r}e_r \tag{5.20.1}$$

$$V_P = \int_r^{r_0} E \cdot \mathrm{d}l = \int_r^{r_0} \frac{\lambda}{2\pi\varepsilon_0 r}\mathrm{d}r = \frac{\lambda}{2\pi\varepsilon_0}(\ln r_0 - \ln r)$$

$$= \frac{\lambda}{2\pi\varepsilon_0}\ln \frac{r_0}{r} \tag{5.20.2}$$

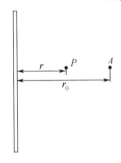

5.20 题用图

讨论：若取无限远处为电势零点，则积分 $\int_A^\infty E \cdot \mathrm{d}l$ 将为无限大，从而使求解无意义。故对于无限长类带电体，一般应选取"有限远"位置作为电势零点。

5.21　设半径分别为 R_1、R_2 的两个同心球面，如题 5.21 图所示，分别均匀携带电荷 $+q$、$-q$，试求该带电系统的电势分布。

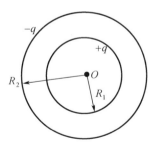

5.21 题用图

解：**分析**　本题为球对称带电面电势分布的计算问题。故可先由高斯定理求得电场强度分布，再由电场强度积分计算电势分布。或者先计算单个球面电势，最后计算其电势代数和。由电场叠加原理可知，仅在两球面构成的球壳内电场不为零。因此，带电系统的电势分布仅限于该区域。由于本题为有限大带电体，故可选无限远处为电势零点，则有如下计算结果：

（1）选两球面间半径为 r 的同心球面为高斯面，其包围电荷 $+q$，由高斯定理得到两球面构成球壳内电场强度，然后积分得带电系统的电势分布：

$$\boldsymbol{E} = \frac{q}{4\pi\varepsilon_0 r^2}\boldsymbol{e}_r \quad (R_1 \leqslant r \leqslant R_2) \tag{5.21.1}$$

$$U_{12} = \int_{R_1}^{R_2} \boldsymbol{E} \cdot \mathrm{d}\boldsymbol{l} = \int_{R_1}^{R_2} \frac{q}{4\pi\varepsilon_0 r^2}\mathrm{d}r$$

$$= \frac{q}{4\pi\varepsilon_0}\left(\frac{1}{R_1} - \frac{1}{R_2}\right)(R_1 \leqslant r \leqslant R_2) \tag{5.21.2}$$

（2）先求各球面电势，然后由电势叠加原理求两球面电势和，于是得到该带电系统电势分布为：

$$V = \frac{Q}{4\pi\varepsilon_0 r} \Rightarrow V_i = \frac{q_i}{4\pi\varepsilon_0 R_i} \quad (i = 1,2) \tag{5.21.3}$$

$$U_{12} = V_1 + V_2 = \frac{q}{4\pi\varepsilon_0 R_1} - \frac{q}{4\pi\varepsilon_0 R_2}$$

$$= \frac{q}{4\pi\varepsilon_0}\left(\frac{1}{R_1} - \frac{1}{R_2}\right)(R_1 \leqslant r \leqslant R_2) \tag{5.21.4}$$

讨论：

（1）本题除了如上所述计算带电系统的电势分布，还可以计算两个带电球面的电势差：

$$U_{12} = V_1 - V_2 = \frac{q}{4\pi\varepsilon_0 R_1} + \frac{q}{4\pi\varepsilon_0 R_2} = \frac{q}{4\pi\varepsilon_0}\left(\frac{1}{R_1} + \frac{1}{R_2}\right)(R_1 \leqslant r \leqslant R_2)$$

（2）值得注意的是，上述所求电势均为相对于电势零点的结果，故为相对结果。而两球面电势差的绝对值则是无关于电势零点的绝对结果。

5.22 已知电偶极子电势 $V = p\cos\theta/(4\pi\varepsilon_0 r^2)$，试求其电场强度的大小。

解：分析 本题是已知电势计算电场强度的问题，由电场强度与电势关系即可求解。选择如题 5.22 图所示坐标系，于是得到：

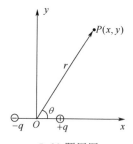

5.22 题用图

$$r = \sqrt{x^2 + y^2}, \quad \cos\theta = \frac{x}{r} = \frac{x}{\sqrt{x^2 + y^2}} \tag{5.22.1}$$

$$V = \frac{p\cos\theta}{4\pi\varepsilon_0 r^2} = \frac{px}{4\pi\varepsilon_0 \sqrt{(x^2 + y^2)^3}} \tag{5.22.2}$$

$$\begin{cases} E_x = -\dfrac{\partial V}{\partial x} = \dfrac{p(2x^2 - y^2)}{4\pi\varepsilon_0 (x^2 + y^2)^{5/2}} \\[3mm] E_y = -\dfrac{\partial V}{\partial y} = \dfrac{3pxy}{4\pi\varepsilon_0 (x^2 + y^2)^{5/2}} \end{cases} \tag{5.22.3}$$

$$E = \sqrt{E_x^2 + E_y^2} = \frac{p(4x^2 + y^2)^{1/2}}{4\pi\varepsilon_0 (x^2 + y^2)^2} \tag{5.22.4}$$

5.23 沿 x 轴放置长为 l 的细棒如题 5.23 图所示，设棒一端位于坐标原点，且每单位长分布 $\lambda = kx$ 正电荷，k 为常数，选取无穷远处 $V_\infty = 0$。

(1) 试求 y 轴上任意点 P 的电势 V。

(2) 试用场强与电势关系求 y 轴方向电场强度 E_y。

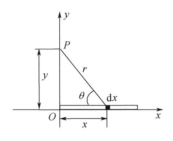

5.23 题用图

解：分析 本题可应用电势叠加原理积分求得电势，再由场强与电势关系求得电场强度，于是得到：

(1) 如题 5.23 图所示在细杆上距坐标原点 x 处选取电荷元 $dq = \lambda dx = kx dx$，则电荷元及细棒在 P 点的电势分别为：

$$dV = \frac{1}{4\pi\varepsilon_0} \frac{dq}{r} = \frac{1}{4\pi\varepsilon_0} \frac{kx}{\sqrt{x^2 + y^2}} dx \tag{5.23.1}$$

$$V = \int dV = \int_0^l \frac{1}{4\pi\varepsilon_0} \frac{kx}{\sqrt{x^2 + y^2}} dx = \frac{k}{4\pi\varepsilon_0}(\sqrt{l^2 + y^2} - y) \tag{5.23.2}$$

(2) 由场强与电势关系求得 y 轴方向电场强度为：

$$E_y = -\frac{\partial V}{\partial y} = \frac{k}{4\pi\varepsilon_0}\left(1 - \frac{y}{\sqrt{l^2 + y^2}}\right) \tag{5.23.3}$$

说明：本题第一问也可应用电场强度叠加原理先求得 E，再由 E 与 V 积分关系求解电势，但相对上述电势叠加原理求解方法，其求解复杂得多。

第6章 静电场中的导体与电介质

内容总结

6.1 教学基本要求

（1）掌握导体静电平衡条件、导体静电平衡时电荷分布的分析方法，了解静电屏蔽及其应用。

（2）理解电位移矢量、极化强度的物理意义，掌握电介质中的高斯定理求解电场强度的计算方法。

（3）理解电容器电容的定义，掌握计算电容的思路和方法。

（4）了解电容器的储能公式、电场能量和能量密度等概念。

6.2 学习指导

本章应重点掌握应用导体静电平衡条件，分析导体静电平衡时电荷分布的方法。由静电平衡条件可以得到关于导体静电平衡的三条推论：导体为等势体，其表面为等势面；电荷只能分布于导体外表面，其内部无净电荷；导体外表面附近的电场强度均于表面垂直，其值确定。静电平衡条件是分析讨论静电场中导体的电荷分布、电场强度及电势分布的基本出发点。应当注意的是，可以将上述推论直接应用于解题。另外，还要掌握应用电介质中的高斯定理，求解对称性电场强度的计算方法，以及常见电容器电容的计算方法。

6.2.1 内容提要

（1）一个重要条件：导体静电平衡条件。

（2）一个基本定理：电介质中的高斯定理。

（3）两类基本计算：孤立导体的电容、电容器的电容。

（4）三类基本导体：实心导体、腔内无电荷空腔导体、腔内有电荷空腔导体。

6.2.2　重点解析

（1）对于导体静电平衡时电荷分布的分析，应重点掌握三类基本导体电荷分布的分析结果。

①实心导体：处于静电平衡时，实心导体内部无净电荷，净电荷只能分布于导体表面。

②腔内无电荷空腔导体：处于静电平衡时，空腔导体内部和内表面均无净电荷，净电荷只能分布于空腔导体外表面。

③腔内有电荷空腔导体：处于静电平衡时，净电荷只能分布于空腔导体内、外表面。

（2）电介质中的高斯定理指出，通过任意闭合曲面的电位移通量等于该闭合曲面所包围的自由电荷代数和，与极化电荷无关，该定理是静电场的基本规律之一。值得注意的是，应用该定理在电介质的对称性场中求解电位移的方法与步骤，与在真空对称性场中求解电场强度的方法与步骤基本相同。求解电介质中具有对称性的静电场，一般首先由电介质中的高斯定理解得电位移，然后再进一步求得电场强度。需要强调的是，电位移通量只与自由电荷有关，即电位移线由正的自由电荷出发到负的自由电荷终止。但是，一般情况下电位移与自由电荷、极化电荷均有关系。

6.2.3　电容器电容问题基本解题步骤

（1）若电容器极板不带电，则首先假设两极板分别带有等量异号电荷。

（2）计算两极板间电场强度的分布。

（3）计算两极板间电势差。

（4）利用电容定义式求出电容。

（5）讨论与总结。

问题分析解答与讨论应用

6.1　设有半径 R 所带电量 Q 的导体球，试求导体球内、外的电场强度分布。

解：分析　本题为带电导体静电平衡问题。带电导体球处于静电平衡时，其内部无净电荷，净电荷只能分布于导体外表面，而且导体内部场强处处为零，其表面附近的电场与导体表面垂直。因此带电导体球可等效为均匀带电球面，故由高斯定理解得：

$$\begin{cases} E = 0 & (r < R) \\ \boldsymbol{E} = \dfrac{Q}{4\pi\varepsilon_0 r^2}\boldsymbol{e}_r & (r > R) \end{cases} \tag{6.1.1}$$

说明：综上所述，带电导体球电场强度的大小与其半径 r 关系为分段函数，导体球内部 $E = 0$，导体球外部 $E \propto 1/r^2$。

6.2 设半径分别为 R_1、R_2 的两个导体球均带电 Q，且两球心相距较远，若用导线将两球相连，试求：

(1) 每个导体球所带电量。

(2) 每个导体球的电势。

解：**分析** 本题为导体球的电荷及电势分布问题。由于两导体球相距较远，故可视为孤立导体球。若用导线相连，则两导体球表面电荷将重新分布，设分别为 Q_1、Q_2，且电荷总量守恒，两球等电势。于是求得：

(1)
$$Q_1 + Q_2 = 2Q \tag{6.2.1}$$

$$\begin{cases} V_1 = \dfrac{Q_1}{4\pi\varepsilon_0 R_1} \\ V_2 = \dfrac{Q_2}{4\pi\varepsilon_0 R_2} \end{cases} \tag{6.2.2}$$

$$V_1 = V_2 \Rightarrow \dfrac{Q_1}{R_1} = \dfrac{Q_2}{R_2} \tag{6.2.3}$$

联立式（6.2.1）、（6.2.3）可得：

$$\begin{cases} Q_1 = \dfrac{2QR_1}{R_1 + R_2} \\ Q_2 = \dfrac{2QR_2}{R_1 + R_2} \end{cases} \tag{6.2.4}$$

(2) 将式（6.2.4）代入式（6.2.2）可得两球电势为：

$$V_1 = V_2 = \frac{Q_1}{4\pi\varepsilon_0 R_1} = \frac{2Q}{4\pi\varepsilon_0 (R_1 + R_2)} \tag{6.2.5}$$

说明：由式（6.2.3）可知，两导体球相连电荷重新分布后，半径大的导体球表面所带电量较多。

6.3 设有带电 Q 且内外半径分别为 R_1、R_2 的金属球壳，若位于腔内距球心 r 处置放点电荷 q，即有 $0 < r < R_1$，试求：

(1) 金属球壳的电荷分布。

(2) 球心处电势 V。

解：**分析** 本题属于导体的静电感应问题。若空腔导体内有带电体，当处于静电平衡时，其内表面将产生等量异号感应电荷，其外表面产生与内部电量同号等量感应电荷，应用高斯定理可以确定导体所带电荷的重新分布情况，而电势则可由叠加原理求得：

（1）由静电平衡条件知金属球壳内部 $E = 0$，在球壳内外表面空间作与其同心球面为高斯面，应用高斯定理可知内表面带电（$-q$），由电荷守恒定律和高斯定理可知，球壳外表面带电为金属球壳内电荷与金属球壳所带电荷之和，因此外表面带电（$q + Q$）。

（2）球心处总电势为分布于球壳内、外表面的电荷及点电荷所产生电势的代数和。于是得到点电荷 q 及球壳内、外表面电荷在球心处产生电势，以及球心处总电势分别为：

$$V_q = \frac{q}{4\pi\varepsilon_0 r} \tag{6.3.1}$$

$$V_内 = -\frac{q}{4\pi\varepsilon_0 R_1} \tag{6.3.2}$$

$$V_外 = \frac{Q + q}{4\pi\varepsilon_0 R_2} \tag{6.3.3}$$

$$V = V_内 + V_外 + V_q = \frac{q}{4\pi\varepsilon_0}\left(\frac{1}{r} - \frac{1}{R_1} + \frac{1}{R_2}\right) + \frac{Q}{4\pi\varepsilon_0 R_2} \tag{6.3.4}$$

讨论与应用：

（1）处于静电平衡状态的导体外部空间放置带电体时，靠近带电体的导体一端感应出等量异号电荷，远离带电体的导体一端感应出等量同号电荷，导体内部场强处处为零。

（2）对于导体外表面的感应电荷所产生电场，若将导体外表面接地，则外表面电荷消失，壳内电荷与内表面感应电荷在壳外产生电场为零，因此导体外部空间不受导体内部电场的影响。

（3）若空腔导体腔内无带电体而其外部空间有带电体，则静电感应使得空腔导体外表面带等量异号电荷，两者在导体腔内任一点激发的合场强为零，因此空腔导体内部不受其外部空间电荷或外电场的影响，即空腔导体对外部电场具有静电屏蔽作用。该作用可有效保护其内部电子元器件免受外部电场干扰。例如，电子仪器的调试必须在无外电场影响的空间进行，而电子仪器厂家就常设有金属材料制成的空间专供仪器调试使用。

6.4 带有电荷 Q 且半径为 R 的金属球，置入相对电容率为 ε_r 的均匀电介质中，试求金属球外部电场强度的分布。

解：分析 本题为电介质存在时电场强度的计算问题。该类问题的求解思路是：首先由电介质高斯定理计算电位移矢量，然后由电场强度与电位移矢量关系式得到场强。金属球置于均匀电介质之中，故金属球外部其电位移矢量及电场分布均具有球对称性，两者的方向均沿径向。以金属球球心为中心，过球外任意一点 P 作半径 r 的闭合球面为高斯面 S，由电介质高斯定理解得金属球外电场强度为：

$$\oiint_S \boldsymbol{D} \cdot \mathrm{d}\boldsymbol{S} = D \cdot 4\pi r^2 = Q \Rightarrow \boldsymbol{D} = \frac{Q}{4\pi r^2}\boldsymbol{e}_r \tag{6.4.1}$$

$$\boldsymbol{E} = \frac{\boldsymbol{D}}{\varepsilon_r \varepsilon_0} = \frac{Q}{4\pi \varepsilon_r \varepsilon_0 r^2}\boldsymbol{e}_r \tag{6.4.2}$$

说明：由 $\boldsymbol{E} = Q/(4\pi\varepsilon_r\varepsilon_0 r^2)\boldsymbol{e}_r = \boldsymbol{E}_0/\varepsilon_r$ 可知，带电金属球周围充满均匀电介质后，其电场强度大小减为真空时的 $1/\varepsilon_r$ 倍。

6.5　半径为 R_1 的长直圆柱导体外置有同轴且半径 R_2 的薄圆筒导体，两者之间充满相对电容率为 ε_r 的电介质。设两者单位长度电荷密度分别为 $+\lambda$、$-\lambda$，试求：

（1）电介质中的 $\boldsymbol{E}$、$\boldsymbol{D}$ 及 $\boldsymbol{p}$。

（2）电介质内、外表面的极化电荷面密度。

解：**分析**　本题为电介质的极化问题。首先由电介质的高斯定理计算电位移矢量，然后由电场强度与电位移矢量的关系计算场强，再由电介质极化强度与电场的关系确定极化强度。由于电介质表面的极化电荷面密度等于极化强度沿介质表面外法线方向上的分量，因此可求得极化电荷面密度。由题意取圆柱导体为无限长导体，故电介质中的 $\boldsymbol{E}$、$\boldsymbol{D}$、$\boldsymbol{p}$ 均具有轴对称性，其方向均沿径向。于是可解得：

（1）做与圆柱体同轴的柱形高斯面，其半径为 r，且 $R_1 < r < R_2$，长为 l。由于电介质中的电位移与柱形高斯面的两底面的法线垂直，因此通过两底面的电位移通量为零，由电介质高斯定理得到电介质中的 $\boldsymbol{E}$、$\boldsymbol{D}$ 及 $\boldsymbol{P}$ 分别为：

$$\oiint_S \boldsymbol{D} \cdot \mathrm{d}\boldsymbol{S} = Q \Rightarrow D \cdot 2\pi rl = \lambda l \Rightarrow \boldsymbol{D} = \frac{\lambda}{2\pi r}\boldsymbol{e}_r \tag{6.5.1}$$

$$\boldsymbol{E} = \frac{\boldsymbol{D}}{\varepsilon_0 \varepsilon_r} = \frac{\lambda}{2\pi\varepsilon_0\varepsilon_r r}\boldsymbol{e}_r \quad (R_1 < r < R_2) \tag{6.5.2}$$

$$\boldsymbol{p} = (\varepsilon_r - 1)\varepsilon_0\boldsymbol{E} = \frac{\varepsilon_r - 1}{2\pi\varepsilon_r r}\lambda\boldsymbol{e}_r \tag{6.5.3}$$

（2）由于极化强度与介质表面外法线重合，因此电介质内、外表面的极化电荷面密度与各自的极化强度在数值上相等，分别为：

$$\left.\begin{array}{l} \sigma_1' = P_1 = \dfrac{(\varepsilon_r - 1)\lambda}{2\pi\varepsilon_r R_1} \\[3mm] \sigma_2' = P_2 = \dfrac{(\varepsilon_r - 1)\lambda}{2\pi\varepsilon_r R_2} \end{array}\right\} \tag{6.5.4}$$

讨论：

（1）关系式 $\boldsymbol{D} = \varepsilon_0 \boldsymbol{E} + \boldsymbol{p}$ 只在各向同性电介质中才成立。

（2）两圆筒导体产生的极化电荷总量相同，而外置导体的外侧表面积比内置导体大，故电介质内、外表面极化电荷面密度相比较，前者较大。

6.6 设平行板电容器极板面积为 S，两极板间充有厚度和电容率分别为 d_1、d_2 及 ε_1、ε_2 的电介质，如题 6.6 图所示，两极板的自由电荷面密度为 $\pm\sigma$。试求：

（1）两层电介质内 $\boldsymbol{D}$、$\boldsymbol{E}$ 的值。

（2）两层电介质表面的极化电荷面密度。

（3）该平行板电容器的 C。

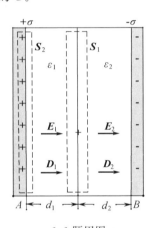

6.6 题用图

解：分析 本题为充满电介质的平行板电容器问题。若忽略边缘效应，电容器中的电场可视为无限大带电平行平面内的电场，利用电介质高斯定理可确定每层电介质内的电位移和电场，进而确定极化电荷面密度，而电容器的电容则可由电容器的定义求解：

（1）设两层电介质中电场强度、电位移分别为 $\boldsymbol{E}_1$、$\boldsymbol{E}_2$ 及 $\boldsymbol{D}_1$、$\boldsymbol{D}_2$，且均与电容器极板垂直。在两层电介质交界面处作短圆柱高斯面 $\boldsymbol{S}_1$，如题 6.6 图所示，则高斯面内自由电荷为零，由电介质高斯定理得到：

$$\oiint_S \boldsymbol{D} \cdot \mathrm{d}\boldsymbol{S} = -D_1 S + D_2 S = 0 \qquad (6.6.1)$$

$$\boldsymbol{D}_1 = \boldsymbol{D}_2 \qquad (6.6.2)$$

即在两层电介质内，电位移相等，方向如题 6.6 图所示，由正电荷指向负电荷。在极板和电介质交界处作短圆柱高斯面 $\boldsymbol{S}_2$，如题 6.6 图所示，则高斯面内自由电荷等于正极板电荷 σS，由电介质高斯定理得到：

$$\oiint_S \boldsymbol{D} \cdot \mathrm{d}\boldsymbol{S} = D_1 S = \sigma S \tag{6.6.3}$$

$$D_1 = D_2 = \sigma \tag{6.6.4}$$

利用电位移与电场关系式可得：

$$\left.\begin{array}{l} E_1 = \dfrac{D_1}{\varepsilon_1} = \dfrac{\sigma}{\varepsilon_1} \\[3mm] E_2 = \dfrac{D_2}{\varepsilon_2} = \dfrac{\sigma}{\varepsilon_2} \end{array}\right\} \tag{6.6.5}$$

（2）电介质中的电场是自由电荷、极化电荷产生电场的矢量和，而两类电场方向相反，因此有：

$$E_1 = E_0 - E_1' \tag{6.6.6}$$

$$\frac{\sigma}{\varepsilon_1} = \frac{\sigma}{\varepsilon_0} - \frac{\sigma_1'}{\varepsilon_0} \tag{6.6.7}$$

$$\sigma_1' = \left(1 - \frac{1}{\varepsilon_{r1}}\right)\sigma \tag{6.6.8}$$

$$\sigma_2' = \left(1 - \frac{1}{\varepsilon_{r2}}\right)\sigma \tag{6.6.9}$$

（3）两电极板间电势差及电容器电容分别为：

$$\Delta V = E_1 d_1 + E_2 d_2 = \sigma\left(\frac{d_1}{\varepsilon_1} + \frac{d_2}{\varepsilon_2}\right) \tag{6.6.10}$$

$$C = \frac{Q}{\Delta V} = \frac{\sigma S}{\sigma\left(\dfrac{d_1}{\varepsilon_1} + \dfrac{d_2}{\varepsilon_2}\right)} = \frac{\varepsilon_1 \varepsilon_2 S}{\varepsilon_1 d_2 + \varepsilon_2 d_1} \tag{6.6.11}$$

可以将充入两种电介质后的电容器视为由两个等效电容器串联而成，故等效电容器电容及串联电容器总电容分别为：

$$C_1 = \frac{Q}{\Delta V_1} = \frac{\sigma S}{E_1 d_1} = \frac{S\varepsilon_1}{d_1} \tag{6.6.12}$$

$$C_2 = \frac{Q}{\Delta V_2} = \frac{\sigma S}{E_2 d_2} = \frac{S\varepsilon_2}{d_2} \tag{6.6.13}$$

$$\frac{1}{C} = \frac{1}{C_1} + \frac{1}{C_2} \Rightarrow C = \frac{C_1 C_2}{C_1 + C_2} = \frac{\varepsilon_1 \varepsilon_2 S}{\varepsilon_1 d_2 + \varepsilon_2 d_1} \tag{6.6.14}$$

讨论与总结：

（1）各层电介质中电位移大小相等而电场强度大小不等，其方向如题 6.6 图所示。

（2）利用电容器定义求解电容时，可获得关于电场、电荷分布等较清晰的认识，而利用串联电容器公式求解则较简便。

6.7 平行板电容器可用于精确检测材料厚度。设平行板电容器极板面积 S、两极板间距 d，若极板间放置厚度均匀且与极板平行的金属薄片，试导出电容 C 与金属薄片厚度 d' 的关系，并解释其检测原理。

解：分析 本题可视为平行板电容器的应用与求解问题。将金属薄片置于平行板电容器两极板之间时，该薄片在均匀电场中达到静电平衡，成为等势体，因此可视为平行板电容器极板间距减少一个金属板的厚度，极板间电场强度不变，因此电势差减小，电容增加，而且插入金属薄片后的等效电容与该薄片厚度有关。故将其放入电容器极板间达到静电平衡后的等效电容、金属薄片厚度分别为：

$$C = \frac{\varepsilon_0 S}{d - d'} \tag{6.7.1}$$

$$d' = d - \frac{\varepsilon_0 S}{C} \tag{6.7.2}$$

讨论与应用： 平行板电容器的电容可利用定义式 $C = Q/U$ 求得，且该电容与平行板电容器极板面积、极板间距离及极板间电介质有关。由式（6.7.2）看出，只要测得电容，就可得到金属薄片厚度。故应用平行板电容器可制作精确检测金属薄片厚度的测量仪器。

6.8 若将地球视为置于真空的导体球，试计算其电容 C。

解：分析 本题可视为孤立导体电容的求解问题。该类问题可先求电势，然后利用孤立导体电容的定义直接得结果。设地球所带电荷为 Q，选取无穷远处为零电势点，则地球的电势、电容分别为：

$$V = \frac{Q}{4\pi\varepsilon_0 R} \tag{6.8.1}$$

$$C = \frac{Q}{V} = 4\pi\varepsilon_0 R = 708(\mu F) \tag{6.8.2}$$

讨论与应用： 由式（6.8.2）知，若地球电势改变 1V，则地球需改变电量 $\Delta Q = C \cdot \Delta V = 7 \times 10^{-4} C$，但是地球所带电量的日常变化，一般较难导致其电势明显改变，故解决实际问题时，通常选取地面作为电势零点或公共地线接点。

6.9 计算机电容键盘的工作原理为：按下按键时电容器极板间距发生变化，导致电容 C 改变而产生电信号。设对应平行板电容器极板面积 S、极板间距 d，若测得该电容变化量 ΔC，试求按键可以按下的距离。

解：分析 本题可视为电容器的实际应用问题。由于平行板电容器的电容与极板间距有关，故极板间距发生变化时，电容也会随之改变。设按键按

下时两极板间距为 d'，则可求得对应电容增量、d' 及按键按下的距离分别为：

$$\Delta C = \frac{\varepsilon_0 S}{d'} - \frac{\varepsilon_0 S}{d} \qquad (6.9.1)$$

$$d' = \frac{\varepsilon_0 S d}{\Delta C d + \varepsilon_0 S} \qquad (6.9.2)$$

$$\Delta d = d - d' = \frac{\Delta C d^2}{\Delta C d + \varepsilon_0 S} \qquad (6.9.3)$$

说明：

（1）由式（6.9.3）可知，只要测出电容的改变量即可求得极板间距的改变量，即按键按下的距离。

（2）为了计算方便，本题将电容键盘简化为两极板间为真空的平行板电容器，实际应用时两极板间应充以电介质。

6.10　食用油加工厂应用电容传感器测量相对电容率 ε_r 的油料液面高度，测量原理如题 6.10 图所示，内径为 D 的导体圆管 A 与储油罐 B 相连，若圆管 A 内同轴插入直径 d 的导体棒，设 d、D 均远小于圆管 A 的长度 L 并且相互绝缘，h 为导体圆管内的油料液面高度。试证当导体圆管与导体棒之间接上电压为 U 的电源时，圆管所带电荷与储油罐 B 内液面高度成线性关系。

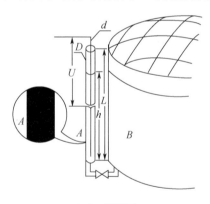

6.10 题用图

证明：分析　本题涉及电容传感器的应用问题。圆管 A 和导体棒构成一组圆柱形电容器，可视为长 h 的介质电容器 C_1 与长 $(L-h)$ 的空气电容器 C_2 的并联，则其电容、并联总电容及极板所带电量分别为：

$$C_1 = \frac{2\pi\varepsilon_0\varepsilon_r h}{\ln\dfrac{D}{d}} \qquad (6.10.1)$$

$$C_2 = \frac{2\pi\varepsilon_0(L-h)}{\ln\dfrac{D}{d}} \tag{6.10.2}$$

$$C = C_1 + C_2 = \frac{2\pi\varepsilon_0 L}{\ln\dfrac{D}{d}} + \frac{2\pi\varepsilon_0(\varepsilon_r - 1)}{\ln\dfrac{D}{d}}h \tag{6.10.3}$$

$$Q = CU = \frac{2\pi\varepsilon_0 LU}{\ln\dfrac{D}{d}} + \frac{2\pi\varepsilon_0(\varepsilon_r - 1)U}{\ln\dfrac{D}{d}}h \tag{6.10.4}$$

讨论与应用：

（1）由式（6.10.4）可以看出，由于只有 Q、h 为变量，故圆管 A 所带电荷 Q 与油料液面高度 h 呈线性关系。

（2）由于油罐与电容器连通，两液面等高，故只要测出导体圆管所带电荷 Q 或电容 C，即可确定油罐内油量。

6.11　若球形电容器内球壳外径 R_A、外球壳内径 R_B，设两球壳间充满相对电容率 ε_r 的电介质，且内、外球壳分别带电 $+Q$、$-Q$，试求该电容器储存的电场能量。

解： 分析　本题属于电场能量的计算问题，且本题对应的电场及电场能量仅局限于两球壳之间。由于球形电容器的电场具有球对称性，因此可由高斯定理先求电场分布，然后积分求解电场能量。由介质高斯定理可解得电容器两极板间电场强度为：

$$\boldsymbol{E} = \frac{Q}{4\pi\varepsilon r^2}\boldsymbol{e}_r \quad (R_A < r < R_B) \tag{6.11.1}$$

在两球壳间取半径 r、厚度 $\mathrm{d}r$ 的同心薄球壳作为体积元，于是得到球形电容器电场能量体密度、薄球壳内电场能量及球形电容器储存电场能量分别为：

$$\mathrm{d}V = 4\pi r^2\,\mathrm{d}r \tag{6.11.2}$$

$$w_e = \frac{1}{2}\varepsilon E^2 = \frac{Q^2}{32\pi^2\varepsilon r^4} \tag{6.11.3}$$

$$\mathrm{d}W = w_e\mathrm{d}V = \frac{Q^2}{8\pi\varepsilon r^2}\mathrm{d}r \tag{6.11.4}$$

$$W = \int_{R_A}^{R_B}\frac{Q^2}{8\pi\varepsilon r^2}\mathrm{d}r = \frac{Q^2}{8\pi\varepsilon}\left(\frac{1}{R_A} - \frac{1}{R_B}\right) \tag{6.11.5}$$

讨论： 电容器电容也可由电场能量方法求解。本题球形电容器电容为：

$$C = \frac{Q^2}{2W} = \frac{4\pi\varepsilon R_A R_B}{R_B - R_A} \tag{6.11.6}$$

第 7 章　恒定磁场

内容总结

7.1　教学基本要求

（1）理解恒定电流产生的条件及电流密度等基本概念。

（2）理解磁感应强度等基本概念，以及磁感应强度的矢量性和叠加性。

（3）掌握毕奥—萨伐尔定律，并能熟练运用该定律计算简单磁场的磁感应强度。

（4）理解恒定磁场的高斯定理和安培环路定理，并能计算具有对称性磁场的磁感应强度。

（5）掌握洛伦兹公式和安培定律，以及洛伦兹力、安培力计算的基本思路与方法。

（6）了解顺磁质、抗磁质和铁磁质磁化的特点及其磁化机理，以及磁介质安培环路定理。

7.2　学习指导

静止电荷周围存在静电场，但当电荷运动时其周围不仅有电场，同时存在磁场。恒定电流激发的磁场为恒定磁场，描述磁场的物理量为磁感应强度。恒定磁场和静电场性质虽然不同，但同为矢量场，对于场的描述有许多相似之处，研究方法也有许多类似的地方，因此对于本章的学习，可与静电场的学习类比，将有助于理解和掌握相关内容。本章应重点掌握毕奥—萨伐尔定律、恒定磁场的高斯定理和安培环路定理，并能熟练运用其计算简单磁场的磁感应强度。还应掌握洛伦兹力、安培力的计算思路与方法。值得注意的是，应用毕奥—萨伐尔定律求解磁感应强度，关键的问题是正确写出电流元 $I\mathrm{d}\boldsymbol{l}$，以及相应 $\mathrm{d}\boldsymbol{B}$ 方向的确定。

7.2.1　内容提要

（1）两类物理量：磁感应强度、磁场强度。

（2）两个基本定律：毕奥—萨伐尔定律、安培定律。

（3）两项重要定理：磁场的高斯定理、安培环路定理。

（4）两种磁力：洛伦兹力、安培力。

7.2.2 重点解析

（1）由于采用三种不同的实验方法，对应三种不同的试探工具：运动电荷、电流元、载流小线圈，故得到三种等效的磁感应强度的定义。

（2）求解带电系统所激发静电场的电场强度时，可以通过对连续带电系统选取电荷元，然后利用点电荷电场强度公式求出电场中任意点的电场强度，再对整个连续带电系统积分即可求得带电系统的电场强度。同理，毕奥—萨伐尔定律恰好给出载流导体的电流元在空间某点激发的磁感应强度，然后利用叠加原理，即可完成整个载流导体激发磁感应强度的计算。该定律在本章恒定磁场的地位，与库仑定律在第 5 章静电场的地位相当。

（3）若载流导体激发的磁场具有确定的对称性，应首先选用安培环路定理求解磁感应强度。需要注意的是，安培环路定理只适用于恒定电流，而恒定电流电路一定是闭合的，故对有限长非闭合载流导线不适用。

（4）洛伦兹力是磁场对于运动电荷的作用力，由于该力与运动电荷的速度垂直，故只能改变运动电荷的方向，不能改变其速度的大小，即该力对运动电荷永不做功。

（5）安培力是磁场对于电流元的作用力，该力作用于有限长载流导线时具有确定的分布，而不是作用于该导线上的一个点，值得强调是，安培力可以做功。

7.2.3 由毕奥—萨伐尔定律求解磁感应强度的基本解题步骤

（1）选取适当的电流元及适当的坐标系。

（2）由毕奥—萨伐尔定律写出电流元微元在场点的磁感应强度并确定其方向。

（3）分析对称性以减少计算量，将电流元对应的磁感应强度微元分解至各坐标轴，把矢量积分变为标量积分。

（4）积分求出磁感应强度的大小。

（5）讨论与总结。

7.2.4 由安培环路定理求解磁感应强度的基本解题步骤

（1）分析磁场分布的对称性，确定可由安培环路定理求解。

（2）由对称性出发，选取适当的积分路径及环路方向，以便将待求量由积分号内提出，且环路取向确定环路内电流的正负。

（3）由磁场安培环路定理积分求出磁感应强度。

（4）讨论与总结。

问题分析解答与讨论总结

7.1　设有载流导线如题 7.1 图所示，若电流为 I，试求位于 O 点的磁感应强度。

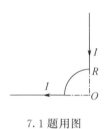

7.1 题用图

解：分析　本题属于载流导线的磁场计算问题。该导线由两根半无限长载流直导线和四分之一圆弧载流导线三部分组合而成，故应用毕奥—萨伐尔定律及叠加原理可解。首先由毕奥—萨伐尔定律求得三部分载流导线在 O 点磁感应强度的大小分别为：0、0、$B = \dfrac{\mu_0 I}{8R}$。再由叠加原理得到 O 点磁感应强度的大小为三者之和：

$$B_0 = 0 + 0 + \frac{\mu_0 I}{8R} = \frac{\mu_0 I}{8R} \tag{7.1.1}$$

由右手定则可判其方向垂直纸面向外。

讨论与总结：

（1）由毕奥—萨伐尔定律可求得，半径 R 的载流圆导线在其圆心处磁感应强度的大小 $B = \dfrac{\mu_0 I}{2R}$，同理对于无限长载流直导线有结果 $B = \dfrac{\mu_0 I}{2\pi r_0}$，其中 r_0 为场点至导线的垂距，由右手定则可判其方向。

（2）由于磁感应强度满足叠加原理，故由（1）可知，半径为 R 的半圆载流导线、四分之一圆弧载流导线、n 分之一圆弧载流导线在其圆心 O 处磁感应强度的大小分别为 $B = \left(\dfrac{\mu_0 I}{2R}\right)\dfrac{1}{2}$、$B = \left(\dfrac{\mu_0 I}{2R}\right)\dfrac{1}{4}$、$B = \left(\dfrac{\mu_0 I}{2R}\right)\dfrac{1}{n}$。同理，半无限长载流直导线对应 $B = \left(\dfrac{\mu_0 I}{2\pi r_0}\right)\dfrac{1}{2}$，其中 r_0 为场点至导线的垂距。由右手定则可判其方向。

（3）由（1）可得到（2），故前者为重要结果，但是（2）表述的结果较为实用。当然，也可以由毕奥—萨伐尔定律直接求得（2）表述的结果。

7.2 若用彼此平行的两根直导线，将半径为 R 的圆环导线与电源连接构成回路，如题 7.2 图所示，若 b 点为直导线与圆环导线的切点，电源处载流导线作用忽略不计，试求圆环导线圆心 O 处的磁感应强度。

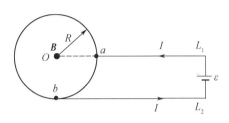

7.2 题用图

解：分析 本题属于载流导线的磁场计算问题。该导线系统由载流直导线 L_1、L_2，以及载流大、小圆弧导线 $\overset{\frown}{ab}$、$\overset{\frown}{ba}$ 四部分组成，应用毕奥—萨伐尔定律及叠加原理可解。由毕奥—萨伐尔定律可求得大、小圆弧载流导线在 O 点磁感应强度的大小为：

$$B_1 = \frac{\mu_0 I_1}{2R} \times \frac{3}{4} = \frac{3\mu_0 I_1}{8R} \quad (7.2.1)$$

$$B_2 = \frac{\mu_0 I_1}{2R} \times \frac{1}{4} = \frac{1\mu_0 I_2}{8R} \quad (7.2.2)$$

注意到大、小圆弧导线并联，且材料、电阻率、截面积均相同，故其电阻与其弧长成正比，满足 $I_1 l_{大} = I_2 l_{小}$，于是可得 $B_1 = B_2$，又由右手定则可判两者方向相反，故整个圆环载流导线在 O 点磁感应强度为零。由毕奥—萨伐尔定律可求得载流导线 L_1、L_2 在 O 点磁感应强度大小为：0、$B = \frac{\mu_0 I}{4\pi R}$。故本题所求圆心 O 处磁感应强度的大小：

$$B = \frac{\mu_0 I}{4\pi R} \quad (7.2.3)$$

如题 7.2 图所示由右手定则可判其方向垂直纸面向外。

总结：

（1）无限长载流直导线、圆环载流导线、长直密绕螺线管等典型载流导体对应的磁感应强度，应当熟记。

（2）对于由不同载流导线组合构成的载流导线系统，例如 7.1 题，若熟记（1）所给结果，则其磁场计算问题可直接应用叠加原理处理。

7.3 设有通以电流 I、边长 l 的正方形载流线圈如题 7.3 图所示，试求线圈对称轴轴线上距其中心垂距 a 处的磁感应强度，当 $l=2.0\text{cm}$、$I=10\text{A}$，a 为 0 和 5cm 时 $\boldsymbol{B}$ 的大小。

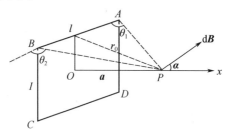

7.3 题用图

解：分析 本题属于载流导线磁场的计算。由叠加原理知，正方形载流线圈激发磁场的磁感应强度，为正方形四条边的载流导线每边单独存在时在该点激发磁感应强度的矢量和。如题 7.3 图所示，设电流由 A 到 B，沿线圈对称轴建立坐标系 OX 轴，应用毕奥—萨伐尔定律可求得，正方形载流线圈一条边载流导线在点 P 的磁感应强度大小为：

$$B = \frac{\mu_0 I}{4\pi r_0}(\cos \theta_1 - \cos \theta_2) \tag{7.3.1}$$

式中 $r_0 = \left(a^2 + \dfrac{l^2}{4}\right)^{\frac{1}{2}}$，$\cos \theta_1 = -\cos \theta_2 = \dfrac{l}{2}\Big/\sqrt{\dfrac{l^2}{4} + r_0^2}$。由式（7.3.1）可知，正方形载流线圈四条边在该点的磁感应强度各不相同，但由对称性可知，所求磁感应强度的方向沿 x 轴正向，大小为一条边载流导线在该点磁感应强度沿 x 轴正向分量的 4 倍，于是得到：

$$\boldsymbol{B} = 4 \times \frac{\mu_0 I}{4\pi \sqrt{\dfrac{l^2}{4} + a^2}} \times \frac{l}{\sqrt{\dfrac{l^2}{2} + a^2}} \times \frac{\dfrac{l}{2}}{\sqrt{\dfrac{l^2}{4} + a^2}}\boldsymbol{i}$$

$$= \frac{\mu_0 I l^2}{2\pi\left(\dfrac{l^2}{4} + a^2\right)\sqrt{\dfrac{l^2}{2} + a^2}}\boldsymbol{i} \tag{7.3.2}$$

若 $l=2.0\text{cm}$，$I=10\text{A}$，$a=0$ 和 5cm，则本题所求磁感应强度的大小分别为：

$$B = 5.66 \times 10^{-4}(\text{T}) \tag{7.3.3}$$

$$B = 5.9 \times 10^{-6}(\text{T}) \tag{7.3.4}$$

7.4 由玻尔原子理论可知，当氢原子处于基态时，其电子位于半径 $R = 0.5 \times 10^{-8}\text{cm}$ 的轨道上做匀速圆周运动，速率 $v = 2.4 \times 10^8\text{cm} \cdot \text{s}^{-1}$。已

知电子电荷 $e=1.6\times10^{-19}$C，试求由于电子运动在其轨道中心处所产生磁感应强度的大小。

解：分析 本题涉及运动电荷磁场的计算问题，由运动电荷磁感应强度关系式出发可解。由该关系式可知，电子做匀速圆周运动的 v 与 e_r 垂直，故有：

$$\boldsymbol{B}=\frac{\mu_0}{4\pi}\frac{q\boldsymbol{v}\times\boldsymbol{e}_r}{r^2}\Rightarrow B=\frac{\mu_0}{4\pi}\frac{ev\sin\theta}{R^2}$$

$$=10^{-7}\times\frac{1.6\times10^{-19}\times2.4\times10^6}{(0.5\times10^{-10})^2}=15.36(\text{T}) \qquad (7.4.1)$$

说明：玻尔原子理论有三条要点，①原子只能处于一系列不连续的能量状态称为定态。原子不同能量状态跟电子沿不同圆轨道绕核运动相对应，其轨道分布也不连续。②原子从一个定态过渡到另一个定态，伴随光辐射量子的发射或吸收，辐射或吸收光子的能量由两定态的能量差决定。③电子绕核运动的轨道半径不能任意，只有电子角动量满足一定条件的轨道才是可能的。

7.5 匀强磁场的 $B=5.0$T，其方向指向 x 轴正方向，且 $ab=4$cm、$bc=3$cm、$ae=5$cm，如题 7.5 图所示。试求通过面积 $S_1(abcd)$、$S_2(befc)$ 和 $S_3(aefd)$ 的磁通量 Φ_1、Φ_2、Φ_3。

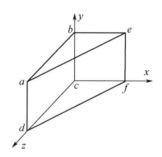

7.5 题用图

解：分析 本题属于磁通量的计算问题。由题意知为均匀磁场，则 $\Phi=\boldsymbol{B}\cdot\boldsymbol{S}$，故有：

$$\Phi_1=\boldsymbol{B}\cdot\boldsymbol{S}_1=BS_1\cos180°$$

$$=-6.0\times10^{-3}(\text{Wb}) \qquad (7.5.1)$$

$$\Phi_2=\boldsymbol{B}\cdot\boldsymbol{S}_2=BS_2\cos90°=0 \qquad (7.5.2)$$

$$\Phi_3=\boldsymbol{B}\cdot\boldsymbol{S}_3=BS_3\cos\theta=BS_1=6.0\times10^{-3}(\text{Wb}) \qquad (7.5.3)$$

讨论：同理可求得通过上下底面 abe、dcf 的磁通量均为零。由此得到通过该闭合曲面的磁通量为零，该结果也可由磁场的高斯定理直接求得。

7.6 无限长圆柱形铜质导体置于真空，其磁导率为 μ_0、半径为 R，若电流 I 均匀分布且沿导体对称轴方向流动，如题 7.6 图所示，试求通过阴影区域 S 的磁通量。

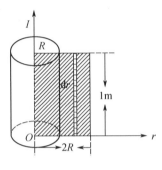

7.6 题用图

解：分析 本题为磁通量的计算问题。由题意知为非均匀磁场，则 $\mathrm{d}\Phi = \boldsymbol{B} \cdot \mathrm{d}\boldsymbol{S}$，如题 7.6 图所示面元长 1m、宽 $\mathrm{d}r$，故通过阴影区域 S 的磁通量为：

$$\Phi = \int_S \boldsymbol{B} \cdot \mathrm{d}\boldsymbol{S} = \int_S B\mathrm{d}S = \int_0^R \frac{\mu_0 Ir}{2\pi R^2}\mathrm{d}r + \int_R^{2R} \frac{\mu_0 I}{2\pi r}\mathrm{d}r$$

$$= \frac{\mu_0 I}{4\pi} + \frac{\mu_0 I}{2\pi}\ln 2 \qquad (7.6.1)$$

说明：

(1) $B = \dfrac{\mu_0 Ir}{2\pi R^2}(r < R)$、$B = \dfrac{\mu_0 I}{2\pi r}(r > R)$，由安培环路定理可以求得此结果。

(2) 非均匀磁场磁通量的计算，一般要应用积分求解，均匀磁场一般不必应用积分求解。

(3) 积分求解磁通量，关键是适当选取面元，此举可使得计算简便。

7.7 设有空心柱形导体如题 7.7 图所示，导体柱的内外半径分别为 a、b，导体内载有电流 I。若电流 I 均匀分布于导体的横截面，试证明该导体内部各点磁感应强度的大小均为 $B = \dfrac{\mu_0 I(r^2 - a^2)}{2\pi(b^2 - a^2)r}$。

解：分析 本题属于载流导体磁场的计算问题。由于本问题具有柱对称性，故可应用安培环路定理求解。如题 7.7 图所示，作半径为 r 的圆，圆面与空心柱形导体的对称轴垂直，由对称性可知在该圆周上，$\boldsymbol{B}$ 的值相等，其方向沿圆周的切线，故 $\boldsymbol{B} \cdot \mathrm{d}\boldsymbol{l} = B\mathrm{d}l$。于是由安培环路定理得到：

$$\oint_l \boldsymbol{B} \cdot \mathrm{d}\boldsymbol{l} = \oint_l B\mathrm{d}l = B \cdot 2\pi r = \mu_0 \sum I_i \qquad (7.7.1)$$

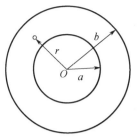

7.7 题用图

$$\oint_l \boldsymbol{B} \cdot d\boldsymbol{l} = B \cdot 2\pi r = \mu_0 \frac{I}{\pi(b^2 - a^2)} \pi(r^2 - a^2)$$

$$\Rightarrow B = \frac{\mu_0 I(r^2 - a^2)}{2\pi(b^2 - a^2)r} \qquad (7.7.2)$$

说明与总结：

（1）$\sum I_i$ 是以 r 为半径的圆所包围电流的代数和，由题意电流在柱体内均匀分布，故有电流密度的大小 $j = \dfrac{I}{\pi(b^2 - a^2)}$。

（2）同理可求得空心柱形导体空心处 $B = 0 (r < a)$，空心柱形导体外 $B = \dfrac{\mu_0 I}{2\pi r} (r > b)$。

（3）值得注意的是，与应用静电场高斯定理求解静电场问题类似，仅对于具有足够对称性的磁场问题，方可应用安培环路定理求解。

7.8　设有两个同轴圆筒状导体组成同轴长电缆，如题 7.8 图所示，若两导体通有大小相等方向相反的电流 I，试求以下区域磁感应强度的大小：

（1）内圆筒内，$r < a$。

（2）两导体之间，$a < r < b$。

（3）外圆筒导体内，$b < r < c$。

（4）电缆外，$r > c$。

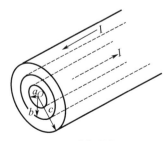

7.8 题用图

解：分析 本题属于载流导体磁场的计算问题。同轴电缆由两个同轴圆筒状导体组成，其激发磁场的磁感应强度等于两个圆筒单独存在时激发磁感应强度的矢量和。由安培环路定理出发或者由题 7.7 结果均可得，半径为 a 的载流内圆筒的磁场分布 $B = 0(r < a)$，$B = \frac{\mu_0 I}{2\pi r}(r > a)$，内外半径为 b 和 c 的载流圆筒的磁场分布为 $B = 0(r < b)$，$B = \frac{\mu_0 I(r^2 - b^2)}{2\pi(c^2 - b^2)r}(b < r < c)$，$B = \frac{\mu_0 I}{2\pi r}(r > c)$。由于两个圆筒的电流流向相反，故所激发磁场方向相反，于是得到内圆筒导体内、两导体之间，外圆筒导体内及电缆外部磁感应强度的大小为：

$$B = 0, \quad r < a \tag{7.8.1}$$

$$B = \frac{\mu_0 I}{2\pi r}, \quad a < r < b \tag{7.8.2}$$

$$B = \frac{\mu_0 I}{2\pi r} - \frac{\mu_0 I(r^2 - b^2)}{2\pi(c^2 - b^2)r}, \quad b < r < c \tag{7.8.3}$$

$$B = 0, \quad r > c \tag{7.8.4}$$

说明： 同理可求解两个同轴载流圆柱面磁场的分布情况。

7.9 设电视机显像管内电子束电子的动能 $E_k = 2000\text{eV}$，若显像管的位置取向恰好使得电子由南向北水平运动。已知地磁场竖直向下分量 $B = 5.5 \times 10^{-5}\text{T}$，电子质量 $m = 9.1 \times 10^{-31}\text{kg}$，电子电量 $e = 1.6 \times 10^{-19}\text{C}$。试问电子于显像管内：

（1）偏转方向。

（2）通过 $y = 20\text{cm}$ 路程所受洛伦兹力作用偏转距离。

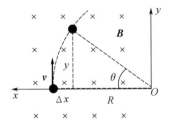

7.9 题用图

解：分析 本题属于磁场中运动电荷受力问题的计算。磁场中运动电荷受到洛伦兹力作用 $f_m = q\boldsymbol{v} \times \boldsymbol{B}$，且电荷以垂直于磁场方向进入时，其在垂直于场方向的平面内做匀速圆周运动，于是得到：

（1）由题意得，如题 7.9 图所示，电子所受洛伦兹力 $f_m = -ev \times B$ 与 $v \times B$ 方向相反，且由题意 v 由南向北，B 竖直向下，故由右手螺旋定则判定电子向东偏转。

（2）如题 7.9 图所示，由牛顿第二定律出发，电子匀速圆周运动半径 R、偏转角 θ、偏转距离 Δx 分别为：

$$F_n = ma_n \Rightarrow evB = \frac{mv^2}{R} \Rightarrow R = \frac{mv}{eB} = \frac{m}{eB}\sqrt{\frac{2E_k}{m}} = 2.74(\text{m}) \quad (7.9.1)$$

$$\sin\theta = \frac{y}{R} = 0.073 \quad (7.9.2)$$

$$\Delta x = R(1 - \cos\theta) = 2.74 \times (1 - \sqrt{1 - 0.073^2})$$
$$\approx 7.31 \times 10^{-3}(\text{m}) \quad (7.9.3)$$

7.10 设电子位于如题 7.10 图所示，$B = 5 \times 10^7\text{T}$ 的匀强磁场内作圆周运动，半径 $r = 2.0\text{cm}$，若初始时刻电子速度 v，且位于 A 点，试求：

（1）电子速度的大小。

（2）电子的动能。

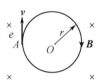

7.10 题用图

解：分析 本题属于磁场内运动电荷受力的计算问题。电荷所受洛伦兹力 $f_m = qv \times B$，且该力只改变电荷运动方向，不改变其速度大小。电子运动轨迹为由 A 点出发半径为 r 的圆形轨道，指向圆心的法向力为洛伦兹力，于是由牛顿第二定律出发，得到电子速度的大小及其动能分别为：

$$F_n = ma_n \Rightarrow evB = \frac{mv^2}{r} \quad (7.10.1)$$

$$v = \frac{eBr}{m} = 1.76 \times 10^{17}(\text{m} \cdot \text{s}^{-1}) \quad (7.10.2)$$

$$E_k = \frac{1}{2}mv^2 = 1.41 \times 10^4(\text{J}) \quad (7.10.3)$$

7.11 设长直导线附近置有矩形线圈如题 7.11 图所示，若长直导线及线圈分别通有电流 $I_1 = 25\text{A}$、$I_2 = 15\text{A}$。已知 $a = 2\text{cm}$、$b = 10\text{cm}$、$l = 20\text{cm}$，试

求矩形线圈所受合力。

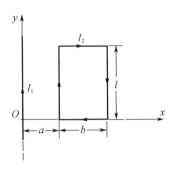

7.11 题用图

解：分析 本题为载流导线在磁场中受力的计算问题，由安培定律 $dF = Idl \times B$ 出发可解。载流线圈处于载流长直导线产生的磁场中，所受磁场合力等于四根载流导线所受磁场力的矢量和，由安培定律及对称性分析可知，矩形线圈上下两条边所受力大小相等方向相反，左右两条边所受力方向相反。注意到载流长直导线对应 $B = \dfrac{\mu_0 I_1}{2\pi r} e_t$，于是得到矩形线圈左右两条边受力及其所受合力分别为：

$$F_{左} = -BI_2 li = \frac{-\mu_0 I_1 I_2 l}{2\pi a} i = -7.5 \times 10^{-4} \, i(\text{N}) \qquad (7.11.1)$$

$$F_{右} = BI_2 li = \frac{\mu_0 I_1 I_2 l}{2\pi(a+b)} i = 1.25 \times 10^{-4} \, i(\text{N}) \qquad (7.11.2)$$

$$F = F_{左} + F_{右} = -6.25 \times 10^{-4} \, i(\text{N}) \qquad (7.11.3)$$

总结与应用：

（1）由式（7.11.1）、（7.11.2）可知，线圈左边载流导线受力指向左，右边载流导线受力指向右。线圈所受合力指向左，即线圈与导线相互吸引。若两者载流其一变向，则两者相互排斥。

（2）由安培定律 $dF = Idl \times B$ 出发，可求得处于磁场中载流导线受力的大小和方向。对于曲线载流导线，一般需要积分方法求解。

（3）安培定律在工程技术领域有诸多应用，较典型的有电磁泵和电磁轨道炮。

①电磁泵：可使磁场中的通电流体在电磁力作用下向确定方向流动输送的装置。电磁泵没有机械运动件，故具有结构简单、密封性好、运转可靠等优点。化工行业常用于输送有毒的重金属，如水银、铅等，冶炼铸造业常用于输送熔融的有色金属，核动力装置常用于输送作为载热体的液态金属，如

钠、钾、钠钾合金等，故又称液态金属电磁泵。电磁泵还可作为医疗设备用于输送血液，具有避免机械泵损伤血液细胞、污染血液等特点。

②电磁轨道炮：一种现代军用武器，2017 年 7 月 30 日美国媒体称长达 10 年的努力将要变为现实，美国海军的实验性轨道炮正在进行新的升级，使其威力更强速度更快，据称这是所取得最新进展。电磁轨道炮很快将投入战场应用，目前已从单次发射成功地发展为多次发射。

7.12　设有横截面积 $S=2\,\mathrm{mm}^2$ 的铜线构成如题 7.12 图所示形状，且可绕水平轴转动。将该装置放入匀强磁场中，且 $\boldsymbol{B}$ 竖直向上，当铜线载流 $I=10\mathrm{A}$ 时，装置离开初态位置偏转角度 $\theta=15°$ 而平衡，试求磁感应强度的大小。

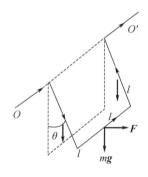

7.12 题用图

解：分析　本题属于磁力矩的计算问题，可由力矩平衡条件出发求解。于是导线所受磁力矩、重力，以及力矩平衡条件、磁感应强度大小分别为：

$$M_F = Fl\cos\theta = BIS\cos\theta = BIl^2\cos\theta \tag{7.12.1}$$

$$M_{mg} = \rho Slg \cdot l\sin\theta + 2\rho Slg \cdot \frac{1}{2}l\sin\theta = 2\rho Sl^2 g\sin\theta \tag{7.12.2}$$

$$BIl^2\cos\theta - 2\rho Sl^2 g\sin\theta = 0 \tag{7.12.3}$$

$$B = \frac{2\rho g S}{I}\tan\theta = \frac{2\times 8.9\times 10^3 \times 9.8 \times 2\times 10^{-6}}{10}\times\tan 15°$$

$$= 9.35\times 10^{-3}(\mathrm{T}) \tag{7.12.4}$$

应用：均匀磁场中任意平面载流线圈所受磁力矩 $\boldsymbol{M} = \boldsymbol{m}\times\boldsymbol{B} = NIS\boldsymbol{e}_n\times\boldsymbol{B}$，此为电动机、磁电式仪表的基本工作原理。

7.13　设螺绕环中心周长 20cm，环上均匀密绕线圈 200 匝，线圈通有电流 0.2A，若管内充满相对磁导率 $\mu_r=4000$ 的磁介质，试求：

（1）管内 $\boldsymbol{B}$、$\boldsymbol{H}$ 的大小。

（2）线圈电流、磁化电流分别产生 $\boldsymbol{B}_0$、$\boldsymbol{B}'$ 的大小。

解：分析 本题为磁介质中磁场的计算问题。由磁介质磁场的安培环路定理及 B 与 H 关系式，可解得载流螺绕环内的磁场，以及线圈电流、磁化电流产生磁感应强度的大小分别为：

(1)
$$H = \frac{N}{l}I = 200(\text{A} \cdot \text{m}^{-1}) \qquad (7.13.1)$$

$$B = \mu_r\mu_0 H = 1.00(\text{T}) \qquad (7.13.2)$$

(2)
$$B_0 = \mu_0 H = 2.5 \times 10^{-4} \ (\text{T}) \qquad (7.13.3)$$

$$B' = B - B_0 \approx 1.00(\text{T}) \qquad (7.13.4)$$

讨论： 磁化电流与线圈电流所产生磁感应强度之比 $\dfrac{B'}{B_0} = \mu_r - 1$，若 $\mu_r \gg 1$，则磁化电流产生的磁场远大于线圈电流产生的磁场，即该磁介质可以显著增强磁场。

第8章 电磁感应与电磁场

内容总结

8.1 教学基本要求

（1）掌握应用电磁感应定律、楞次定律计算感应电势及其方向判定的方法。

（2）掌握动生电动势、感生电动势的计算思路及方法，了解形成原因。

（3）了解自感、互感现象，掌握自感系数、互感系数的计算方法。

（4）了解磁能量密度等基本概念，掌握均匀磁场能量的计算方法。

（5）了解位移电流、有旋场等基本概念，了解麦克斯韦方程组的物理意义。

8.2 学习指导

第5~7章分别研究了静电场和恒定磁场的基本规律，注意到静电场、恒定磁场由静止电荷、恒定电流各自激发产生，两者没有任何关联。丹麦物理学家奥斯特（Hans Christian Oersted，1777—1851）首先发现电流的磁效应，而后英国物理学家法拉第（Michael Faraday，1791—1867）又发现电磁感应现象，从而揭示了电和磁之间的密切联系。在此基础上，英国物理学家麦克斯韦（James Clerk Maxwell，1831—1879）提出有旋电场和位移电流假说，归纳总结得到电磁场基本方程——麦克斯韦方程组。对于本章的学习，首先要理解感应电动势、动生电动势、感生电动势、自感系数、互感系数等基本概念，重点掌握电磁感应定律、楞次定律计算感应电动势及其方向的判定方法，以及动生电动势、感生电动势的计算思路及方法。理解电磁感应现象，了解位移电流、有旋场等基本概念，以及麦克斯韦方程组的物理意义。

8.2.1 内容提要

（1）基本概念：感应电动势、动生电动势、感生电动势、自感系数、互感系数。

（2）两个重要定律：法拉第电磁感应定律、楞次定律。

（3）两种电动势：动生电动势、感生电动势。

（4）四个基本方程：麦克斯韦方程组。

8.2.2　重点解析

（1）本章主要计算问题为感应电动势、自感系数和互感系数。依据穿过闭合回路磁通量变化原因的不同，又将感应电动势划分为动生电动势、感生电动势，其难点为动生电动势、感生电动势的计算问题。该两类电动势常用的计算方法均有两种：定义式方法和法拉第电磁感应定律方法，楞次定律可用来判定其方向。应用定义式求解动生电动势，对于闭合回路、非闭合回路均适用。

（2）应用法拉第电磁感应定律求解动生电动势，若是对应非闭合回路，则必须添加辅助线路构成闭合回路，求得电动势后应减去辅助线路产生的动生电动势，所得结果即为非闭合回路对应的动生电动势。也可以直接选取静止的辅助线路构成闭合回路，直接计算得到动生电动势。

（3）对于感生电动势的计算，与上述动生电动势的计算类似，即可由其定义式或法拉第电磁感应定律出发求解。

（4）关于楞次定律，其实质就是能量守恒定律在电磁学中的体现。其最直接的应用就是判定感应电动势的方向。若已知感应电动势仅有两个方向，可以首先假定其中一个方向成立，然后由楞次定律出发分析是否成立，若不成立，则另一个方向必定成立。为便于教学演示楞次定律及电磁感应现象，本教学团队指导山东交通学院信息科学与电气工程学院、理学院等多名本科生研制成功"双管对比式楞次定律演示装置"，于 2009 年获得"第一届山东省大学生科技节物理科技创新大赛"一等奖，相关论文 2010 年于《物理实验》第 6 期发表。

8.2.3　动生电动势问题基本求解步骤

8.2.3.1　应用定义式求解的基本步骤

（1）选取合适的线元，确定其方向。

（2）分析线元所在位置的磁感应强度及线元速度。

（3）应用动生电动势定义式积分求解，应用 $v \times B$ 判其方向。

（4）讨论与总结。

8.2.3.2　应用电磁感应定律求解的基本步骤

（1）若导体未构成回路，则作静止的辅助线路与导体构成闭合回路。

（2）计算穿过闭合回路的磁通量。

（3）利用电磁感应定律求得通过回路的感应电动势即为动生电动势。

（4）利用楞次定律判断动生电动势的方向。

（5）讨论与总结。

8.2.3.3　自感系数的基本计算步骤

（1）设回路通有电流 I。

（2）计算该电流激发的磁感强度。

（3）计算通过闭合回路的磁通量。

（4）应用关系式 $\Phi = LI$ 求得自感系数。

（5）讨论与总结。

8.2.3.4　互感系数的基本计算步骤

（1）设其中一线圈通有电流 I。

（2）计算穿过另一线圈的磁通量。

（3）利用关系式 $M = \Phi/I$ 求得互感系数。

（4）讨论与总结。

问题分析解答与讨论说明

8.1　设绕有线圈 200 匝的铁芯，已知穿过铁芯的磁通量与时间的关系为 $\Phi = 6.0 \times 10^{-4} \sin 200\pi t$。当 $t = 5 \times 10^{-3}$ s 时，试求线圈的感应电动势。

解：分析　本题为电磁感应定律的应用问题。由该定律可知线圈的感应电动势，等于穿过其所围面积的磁通量对时间变化率的负值，进而可得出给定时刻的电动势。故由电磁感应定律解得：

$$\varepsilon_i = -\frac{d\Psi}{dt} = -N\frac{d\Phi}{dt} = -200 \times 6.0 \times 10^{-4} \times (200\pi) \times \cos 200\pi t$$

$$= -(24\pi)\cos 200\pi t \tag{8.1.1}$$

$$t = 5 \times 10^{-3}(s) \Rightarrow \varepsilon_i = -(24\pi)\cos(200 \times \pi \times 5 \times 10^{-3})$$

$$= 75.4(V) \tag{8.1.2}$$

说明：

（1）式（8.1.1）、（8.1.2）为任意时刻、给定时刻线圈的感应电动势。

（2）求解此类习题应当注意，穿过 N 匝线圈所围面积的磁链，为穿过单个线圈所围面积磁通量的 N 倍。

8.2　设测量磁感应强度的装置由 150 匝平面线圈构成，其电阻 $R = 100\Omega$，线圈所围面积 $S = 5.0 \text{ cm}^2$。现将该装置与内阻 $R_i = 20\Omega$ 的冲击电流计相连，若初始线圈所围平面与均匀磁场磁感应强度 **B** 相垂直，然后将线

圈迅速转动到与 **B** 平行的位置，该过程冲击电流计测量到电量 $Q = 5.0 \times 10^{-5} C$，试求该均匀磁场 **B** 的大小。

解：分析 本题为电磁感应现象的应用问题。对于该现象，闭合回路的感应电动势、感应电流取决于穿过回路所围面积磁通量的变化率，而通过构成回路导体截面的感应电荷，只与穿过回路所围面积磁通量的增量有关。故由题意线圈转过 90° 角时，通过线圈平面磁通量的增量、过线圈截面的感应电荷，以及对应磁感应强度的大小分别为：

$$\Delta \Phi = \Phi_2 - \Phi_1 = NBS - 0 = NBS \tag{8.2.1}$$

$$q = \frac{\Delta \Phi}{R + R_i} = \frac{NBS}{R + R_i} \tag{8.2.2}$$

$$B = \frac{q(R + R_i)}{NS} = 0.08(\text{T}) \tag{8.2.3}$$

讨论与应用：

（1）值得注意的是，Δt 时间间隔内通过导体截面的感应电荷，只与通过该导体构成回路所围面积磁通量的增量相关。而闭合回路的感应电动势，仅与穿过回路所围面积磁通量的变化率有关。

（2）工程技术中常应用上述测定电荷的方法测量磁感应强度的大小，磁强计的工作原理与此有关。

8.3 若金属杆 AC 以 $v = 2\text{m} \cdot \text{s}^{-1}$ 的速率平行于长直载流导线匀速运动，如题 8.3 图所示，导线与金属杆共面且相互垂直，已知导线载有电流 $I = 40\text{A}$，试求金属杆的感应电动势。

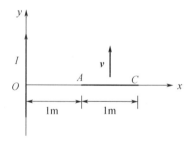

8.3 题用图

解：分析 本题属于动生电动势的求解问题，可应用动生电动势关系式直接求解。在金属杆上距导线 x 处选取微元 $\text{d}x$，该处磁感应强度的大小 $B = \frac{\mu_0 I}{2\pi x}$。于是得到金属杆的感应电动势为：

$$\varepsilon_i = \int_l (\boldsymbol{v} \times \boldsymbol{B}) \cdot \mathrm{d}\boldsymbol{l} = -\int_1^2 \frac{\mu_0 I}{2\pi x} v \mathrm{d}x = -\frac{\mu_0 I v}{2\pi} \ln 2$$

$$= -1.109 \times 10^{-5} (\mathrm{V}) \tag{8.3.1}$$

说明：式（8.3.1）中的负号表示电动势的方向由 C 指向 A，故如题 8.3 图所示 A 端电势较高。

8.4 设在均匀磁场 $\boldsymbol{B}$ 中有长度 L 的金属杆，绕平行于磁场方向的定轴 OO' 以角速度 ω 转动。已知杆与 $\boldsymbol{B}$ 的夹角为 θ，转向如题 8.4 图所示。试求金属杆的动生电动势。

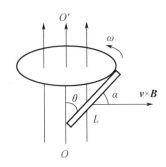

8.4 题用图

解：分析　本题可由动生电动势关系式求解。由对称性可知金属杆旋转至任意位置时产生的电动势均相同，沿金属杆向上选取线元 $\mathrm{d}l$，且线元绕平行于磁场方向的定轴 OO' 以角速度 ω 转动，于是可求得金属杆的动生电动势为：

$$\varepsilon_i = \int_l (\boldsymbol{v} \times \boldsymbol{B}) \cdot \mathrm{d}\boldsymbol{l} = \int_l vB \sin 90° \cos \alpha \mathrm{d}l \tag{8.4.1}$$

$$= \int_l (l \sin \theta \omega) B \cos (90° - \theta) \mathrm{d}l = \omega B \sin^2 \theta \int_0^L l \mathrm{d}l$$

$$\varepsilon_i = \frac{1}{2} \omega B (L \sin \theta)^2 \tag{8.4.2}$$

8.5 与长直导线相距 d m 处置有 N 匝矩形线圈，如题 8.5 图所示，线圈长 L m、宽 a m，试求下述条件成立时线圈的电动势：

（1）线圈以速度 v 沿 x 轴正向运动，导线通有电流 $I = 5\mathrm{A}$。

（2）线圈不动，导线通有交变电流 $I = 5\sin(100\pi t)\mathrm{A}$。

解：分析　本题涉及动生电动势、感生电动势的求解问题。条件（1）对应动生电动势，且矩形线圈只有竖直方向的导线切割磁感线，可由动生电动势关系式求解，但注意到内外两侧矩形框产生电动势方向均为自下向上，故

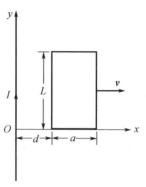

8.5 题用图

总电动势为两者之差。条件（2）对应感生电动势，可由电磁感应定律可求解。于是得到：

（1）矩形线圈外、内侧导线及矩形线圈的动生电动势分别为：

$$\varepsilon_1 = \int_l (\boldsymbol{v} \times \boldsymbol{B}) \cdot d\boldsymbol{l} = B_1 vL = NLv \frac{\mu_0 I}{2\pi(d+a)} \tag{8.5.1}$$

$$\varepsilon_2 = \int_l (\boldsymbol{v} \times \boldsymbol{B}) \cdot d\boldsymbol{l} = B_2 vL = NLv \frac{\mu_0 I}{2\pi d} \tag{8.5.2}$$

$$\varepsilon = \varepsilon_2 - \varepsilon_1 = NLv \frac{\mu_0 I}{2\pi}\left(\frac{1}{d} - \frac{1}{d+a}\right) = NLv \frac{\mu_0 I}{2\pi} \frac{a}{d(d+a)} \tag{8.5.3}$$

（2）矩形线圈的磁通量、感生电动势分别为：

$$\Phi = N\oint \boldsymbol{B} \cdot d\boldsymbol{S} = N\int_d^{d+a} \frac{\mu_0 I}{2\pi l}L\,dl = \frac{N\mu_0 IL}{2\pi}\ln\frac{d+a}{d} \tag{8.5.4}$$

$$\varepsilon = -\frac{d\Phi}{dt} = -\frac{N\mu_0 L}{2\pi}\ln\frac{d+a}{d}\frac{dI}{dt} = -\frac{N\mu_0 L}{2\pi}\ln\frac{d+a}{d}\frac{dI}{dt}$$

$$= -\frac{N\mu_0 L}{2\pi}\ln\frac{d+a}{d}500\pi\cos(100\pi t) \tag{8.5.5}$$

$$= -250N\mu_0 L\ln\frac{d+a}{d}\cos(100\pi t)$$

说明：由于动生电动势、感生电动势均为感应电动势，故本题的动生电动势也可由电磁感应定律求解。

8.6 设有构成 θ 角的金属框架 COD 放入磁感应强度为 $\boldsymbol{B}$ 的磁场中，$\boldsymbol{B}$ 的方向垂直于框架所在平面如题 8.6 图所示。导体杆 MN 垂直于 OD，并在框架上以恒定速度 v 至左向右滑动，且 v 与 MN 垂直。若 $t=0$、$x=0$，试求下述条件成立时金属框架的 ε_i：

（1）$\boldsymbol{B}$ 为均匀磁场。

（2）$B = kx\cos\omega t$ 为非均匀时变场。

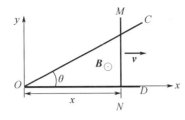

8.6 题用图

解： **分析** 本题为动生电动势、感生电动势的综合计算问题，可以先求解相应磁通量，然后再由电磁感应定律求解对应的电动势：

（1）金属框架对应的磁通量及电动势分别为：

$$\Phi = B \cdot S = B\,\frac{1}{2}xy \Rightarrow \Phi = \frac{1}{2}Bv^2t^2\mathrm{tg}\theta \tag{8.6.1}$$

$$\varepsilon = -\frac{\mathrm{d}\Phi}{\mathrm{d}t} = -\frac{\mathrm{d}\left(\frac{1}{2}Bv^2t^2\mathrm{tg}\theta\right)}{\mathrm{d}t} = -Bv^2t\,\mathrm{tg}\theta \tag{8.6.2}$$

说明： 其中 $y = x\mathrm{tg}\theta$，$x = vt$，且电动势的方向由 M 指向 N。

（2）在 OD 上距 O 点 x 处选取高 $x\mathrm{tg}\theta$、宽 $\mathrm{d}x$ 的面元，穿过该面元的磁通量为 $\mathrm{d}\Phi = \boldsymbol{B} \cdot \mathrm{d}\boldsymbol{S} = Kx^2\cos\omega t \cdot \mathrm{tg}\theta \cdot \mathrm{d}x$，则金属框架对应的磁通量及电动势分别为：

$$\Phi = \int_0^x Kx^2\cos\omega t \cdot \mathrm{tg}\theta \cdot \mathrm{d}x = K\frac{x^3}{3}\cos\omega t\,\mathrm{tg}\theta$$

$$= \frac{1}{3}Kv^3\mathrm{tg}\theta t^3\cos\omega t \tag{8.6.3}$$

$$\varepsilon = -\frac{\mathrm{d}\Phi}{\mathrm{d}t} = -\frac{1}{3}Kv^3\mathrm{tg}\theta(3t^2\cos\omega t - \omega t^3\sin\omega t)$$

$$= -Kv^3\mathrm{tg}\theta\left(t^2\cos\omega t - \frac{1}{3}\omega t^3\sin\omega t\right) \tag{8.6.4}$$

8.7 若由两个套在一起的同轴圆套筒构成长直密绕螺线管，如题 8.7 图所示，其中置有磁导率 μ_1、μ_2 的磁介质，分别对应截面积 S_1、S_2。设螺线管管长 l、线圈匝数 N，试求该螺线管的自感 L。

解： **分析** 本题为螺线管自感的计算问题，但又涉及磁介质中的磁场。本题可分三步求解，首先借助无介质长直密绕螺线管内的磁场求出其内磁介质中的磁场，其次计算通过螺线管的总磁通量，最后求解螺线管自感。无介质时通电长直密绕螺线管内部近似为均匀磁场，对应磁感应强度的大小

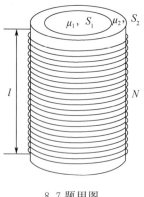

8.7 题用图

$B_0 = nI$，填充磁介质后，两种介质中磁感应强度的大小分别为 $\mu_i B_0 (i = 1, 2)$。而通过长螺线管截面的磁通量为过截面 S_1、S_2 两部分磁通量之和。设螺线管通有电流 I，则其内两种介质中的磁感应强度、通过螺线管的总磁通量，以及螺线管的自感分别为：

$$B_i = \mu_i B_0 = \mu_i nI = \mu_i \frac{N}{l}I \quad (i = 1, 2) \tag{8.7.1}$$

$$\Psi = \sum_{i=1}^{2} \Psi_i = N \sum_{i=1}^{2} B_i S_i \tag{8.7.2}$$

$$L = \frac{\Psi}{I} = \frac{N^2}{l} \sum_{i=1}^{2} \mu_i S_i = nN \sum_{i=1}^{2} \mu_i S_i \tag{8.7.3}$$

讨论与应用：

（1）由式（8.7.3）看出，螺线管的自感 L 与通电电流无关，只与其自身条件及环境有关。但在计算 L 时可以先假设螺线管通有电流 I 以便计算 Ψ。

（2）由式（8.7.3）看出，要得到自感较大的长直密绕螺线管，可在设计时采用密绕的方法，或者选用磁导率较大的磁介质充填螺线管内部。当然，也可以两种方法综合应用。

8.8　若无限长直导线通以电流 $I = I_0 \cos \omega t$，如题 8.8 图所示，矩形线圈与导线位于同一平面内，其短边与直导线相互平行，且 $\dfrac{b}{c} = 3$。试求：

（1）导线与线圈的互感。

（2）线圈的互感电动势。

解：分析　本题为关于互感现象的计算问题。通过线圈所围面积的磁通量是无限长直导线左右两侧线框磁通量之和，由对称性可知，左侧的磁通量抵消导线对称的右侧部分磁通量，故仅需计算剩余部分的磁通量即可。

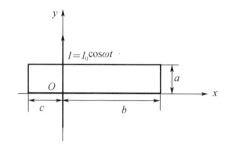

8.8 题用图

（1）由右手定则可知导线右侧磁场方向垂直纸面向里，导线左侧垂直纸面向外，选取垂直纸面向里的磁场方向为正方向。由环路定理可知，距导线 x 处的磁感应场强度的大小为：

$$B = \frac{\mu_0 I}{2\pi x} \tag{8.8.1}$$

由于两侧距离导线为 c 区域的磁通量相互抵消，故整个矩形线圈的磁通量及直导线和线框的互感分别为：

$$\Phi = \frac{\mu_0 Ia}{2\pi} \int_c^b \frac{\mathrm{d}x}{x} = \frac{\mu_0 Ia}{2\pi} \ln \frac{b}{c} = \frac{\mu_0 Ia}{2\pi} \ln 3 \tag{8.8.2}$$

$$M = \frac{\Phi}{I} = \frac{\mu_0 a}{2\pi} \ln 3 \tag{8.8.3}$$

（2）互感电动势为：

$$\varepsilon_i = -M \frac{\mathrm{d}I}{\mathrm{d}t} = \frac{\mu_0 a\omega I_0}{2\pi} \ln 3 \sin \omega t \tag{8.8.4}$$

说明：由式（8.8.3）看出，互感 M 与通电电流无关，故计算 M 时若电路无电流，为方便计算可假设通有电流。其实互感仅与回路自身条件及环境有关，例如，两回路的形状、大小、相对位置，以及周围的磁介质等因素。

8.9　设无限长直导线通有电流 I，且电流密度均匀，试证明单位长度导线内的磁能为 $\dfrac{\mu_0 I^2}{16\pi}$。

证明：分析本题为磁场能量的相关问题，由磁能关系式出发可证。值得注意的是，电流激发的磁场不仅存在于导体内部，也存在于导体外部，但由题意仅考虑导体内单位长度存储的磁能。证明过程可分为三个步骤，首先由题意给出磁能密度，其次选取体积元，最后由磁能关系式积分得结果。由于无限长载流直导线产生的磁场具有轴对称性，故以其对称轴为中心轴取单位长度、半径 r、厚度 $\mathrm{d}r$ 薄圆柱壳为体积元 $\mathrm{d}V$，设直导线半径 R。于是得到磁能密度、体积元及单位长度导体内存储磁能为：

$$w_m = \frac{1}{2}\frac{B^2}{\mu_0} = \frac{1}{2\mu_0}\left(\frac{\mu_0 Ir}{2\pi R^2}\right)^2 \qquad (8.9.1)$$

$$dV = (2\pi r dr) \cdot 1 \qquad (8.9.2)$$

$$W_m = \int_V w_m dV = \int_0^R \left(\frac{\mu_0 I^2}{8\pi^2 R^4}r^2\right) \cdot 2\pi r dr = \frac{\mu_0 I^2}{16\pi} \qquad (8.9.3)$$

说明：上述结果为单位长度载流直导线内存储磁能，即式（8.9.3）的积分区域仅为长直导线内部。该能量仅为载流导线磁场的部分能量，因为其总能量还应包括长直导线外部空间的磁能。

第 9 章　机械振动基础

内容总结

9.1　教学基本要求

（1）掌握描述简谐运动各物理量的物理意义，以及周期、频率和角频率之间的关系。

（2）掌握简谐运动的描述方法、基本特征，以及动力学方程的建立与求解。

（3）理解简谐运动的合成规律，熟练掌握同方向同频率两个简谐运动的合成方法及合成结果。

（4）了解阻尼振动、受迫振动、共振，以及相关应用。

9.2　学习指导

机械振动是机械工程、日常生活普遍可见的力学现象，也是电工学、无线电技术、自动控制技术等科学技术领域的理论基础。本章重点介绍简谐运动及其规律，讨论简谐运动的合成，以及阻尼振动、受迫振动等更接近客观实际的机械振动模型。值得强调的是，本章内容是学习第 10 章波动的基础。对于本章的学习，应熟练掌握简谐运动动力学方程的建立与求解，特别是弹簧振子、单摆、复摆等典型振动系统动力学方程的建立与求解。掌握简谐运动的解析法、图像法两种常用的描述方法，了解旋转矢量法。理解简谐运动过程能量的转换，以及简谐运动的合成规律，掌握同方向同频率两个简谐运动的合成方法及合成结果。了解阻尼振动、受迫振动和共振等非简谐振动规律，为今后专业课程的学习和技术工程中的应用奠定理论基础。

9.2.1　内容提要

（1）重要物理量：振幅、周期、频率、相位。

（2）判定简谐运动的方法：运动学方法、动力学方法。

（3）三种描述方法：解析法、图像法及旋转矢量法。

（4）相关能量：振动动能、振动势能，两者均为周期性函数，简谐运动系统机械能守恒。

（5）三类基本合成：同方向同频率两个简谐运动的合成、同方向不同频率两个简谐运动的合成，以及相互垂直的两个简谐运动的合成。

（6）三种非简谐振动：阻尼振动、受迫振动及共振。

9.2.2 重点解析

9.2.2.1 描述简谐运动的物理量

（1）振幅为相对平衡位置物体振动位移的最大绝对值，其限定物体相对平衡位置的振动范围，对于确定的简谐振动系统，振幅为常量，故简谐运动又称为等幅振动。物体简谐运动的机械能与其振幅的平方成正比。

（2）周期是振动物体完成一次完全振动所对应的时间间隔，是体现振动周期性的物理量，也是表示物体振动快慢的物理量。

（3）角频率表示 2π 时间内的振动次数，频率为单位时间内的振动次数，两者均为反映物体振动快慢的物理量。值得注意的是，角频率、频率和周期均为描述振动周期性的物理量，三者具有确定的关系，均由振动系统本身的固有性质所决定。

（4）相位是描述简谐运动状态的物理量，初相位由初始条件决定，即由初始位置、初速度共同决定。描述两个系统振动状态的差异，用两者的相位差较为方便，若两个振动物体的相位相同，则称其为同相振动；若两个振动物体的相位相差奇数个 π，则称其为反相振动；若两个振动系统的频率相同，则其相位差就是其初初相差．

9.2.2.2 简谐运动的基本判定方法

（1）动力学方法：首先确定振动系统的平衡位置，并以平衡位置为坐标原点建立坐标系，使得振动物体偏离平衡位置，分析其所受力或力矩，应用牛顿第二定律或定轴转动定律列出运动微分方程，若其形式为 $\dfrac{\mathrm{d}^2 x}{\mathrm{d}t^2} + \omega_0^2 x = 0$，且 ω_0 仅取决于振动系统自身的固有性质，即可判定该物体做简谐运动。或者分析振动物体受到线性恢复力、线性恢复力矩，也可判定该物体做简谐运动。

（2）运动学方法：振动系统的运动学方程可以写为 $x = A\cos(\omega_0 t + \varphi)$，且 A、φ 由初始条件决定，即可判定该物体做简谐运动。应当注意的是，振动物理量并不局限于位移，如 LC 电路电磁振荡的规律与简谐运动规律完全相似，故亦可借用简谐运动规律描述。

9.2.2.3 简谐运动的能量

简谐运动系统为保守系统，其系统机械能守恒。其振动动能、振动势能均为周期性函数，其周期为简谐运动周期的一半。动能最大时势能为零，势能最大时动能为零，且简谐运动过程动能、势能相互转换。

9.2.2.4　简谐运动的合成

简谐运动的合成，就是一个物体同时参与两个或多个简谐运动的合振动，其位移、速度即为分振动位移、速度的矢量和。同方向同频率两个简谐运动合成后仍是简谐运动，其合振动振幅与分振动的振幅以及两个分振动的相位差均有关系，此为学习第 10、11 章干涉的基础。

9.2.3　简谐运动四类基本问题的求解

9.2.3.1　简谐运动问题的分类

（1）判断或证明是否是简谐运动。

（2）已知振动系统建立其动力学方程。

（3）已知振动系统的动力学方程求解其运动学及动力学问题。

（4）简谐运动的合成问题。

9.2.3.2　简谐运动动力学方程建立的方法

（1）由牛顿第二定律出发建立动力学方程：选择惯性系及坐标系，对谐振动系统进行受力分析，由牛顿第二定律写出该系统的动力学方程。

（2）由刚体定轴转动定律出发建立动力学方程：选择惯性系及坐标系，对定轴转动刚体进行对定轴的力矩分析，由定轴转动定律写出该刚体的动力学方程。

（3）由机械能守恒定律出发建立动力学方程：选择惯性系及坐标系，对谐振动系统由机械能守恒定律写出其表达式，该等式两边对时间变量求一次导数，整理得到该系统的动力学方程。

问题分析解答与讨论说明

9.1　设有振动测试装置可模拟简谐运动，其运动学方程为

$x = 0.1\cos(2\pi t + \pi)$，试求：

（1）测试装置的振幅、频率、角频率、周期和初相。

（2）$t = 1s$ 时测试装置的位移、速度和加速度。

解：分析　本题主要涉及简谐运动的特征物理量及其解析表示法。将所给方程与简谐运动的运动学方程比较可求得特征物理量，而由运动学方程对时间求导可得测试装置的振动速度、振动加速度：

（1）　　　　　　　$x = A\cos(\omega_0 t + \varphi) \Leftrightarrow x = 0.1\cos(2\pi t + \pi)$

$$A = 0.1(\text{m}), \quad \omega_0 = 2\pi(\text{s}^{-1}), \quad \nu = \frac{1}{T} = 1(\text{Hz})$$
$$T = \frac{2\pi}{\omega_0} = 1(\text{s}), \quad \varphi = \pi \qquad\qquad (9.1.1)$$

(2) $$\Delta x = x - x_0 = 0.1\cos(2\pi t + \pi) \qquad (9.1.2)$$

$$v = \frac{\mathrm{d}x}{\mathrm{d}t} = -0.2\pi\sin(2\pi t + \pi) \qquad (9.1.3)$$

$$a = \frac{\mathrm{d}v}{\mathrm{d}t} = -0.4\pi^2\cos(2\pi t + \pi) \qquad (9.1.4)$$

$$t = 1\text{s} \Rightarrow \Delta x = -0.1(\text{m}), \quad v = 0, \quad a = 0.4\pi^2(\text{m} \cdot \text{s}^{-2}) \qquad (9.1.5)$$

讨论：

(1) 本题特征物理量的求解方法称为比较法。也可由特征物理量的定义法求解。

(2) 简谐运动的解析表示法涉及其运动学方程和速度、加速度的解析表达式。

9.2 设弹簧振子作简谐振动，若已知弹簧振子的振幅 $A = 4.0 \times 10^{-2}\text{m}$，周期 $T = 2.0\text{s}$，初相 $\varphi = 0.75\pi$。试求弹簧振子的运动学方程、速度和加速度。

解：分析 首先由简谐振动特征量给出其运动学方程，然后由该方程对时间求导得到速度和加速度。于是得到弹簧振子的运动学方程、速度和加速度分别为：

$$x = A\cos\left(\frac{2\pi}{T}t + \varphi\right) \Rightarrow x = 4.0 \times 10^{-2}\cos(\pi t + 0.75\pi) \qquad (9.2.1)$$

$$v = \mathrm{d}x/\mathrm{d}t = -(4\pi \times 10^{-2})\sin(\pi t + 0.75\pi) \qquad (9.2.2)$$

$$a = \mathrm{d}^2x/\mathrm{d}t^2 = -(4\pi^2 \times 10^{-2})\cos(\pi t + 0.75\pi) \qquad (9.2.3)$$

总结： 本题由简谐振动的特征量给出其运动学方程的解析表达式，然后求导得到振动速度和振动加速度。值得注意的是，运动学方程是联系位移、速度、加速度等物理量的桥梁。

9.3 竖直悬挂的轻弹簧下端连接小球，弹簧被拉长 $l_0 = 5\text{cm}$ 时处于平衡。若小球在竖直方向作振幅 $A = 2\text{cm}$ 的振动，取其平衡位置为坐标原点，铅直向下为正建立坐标系，并选取小球向下最大位移处开始计时，试求解小球的运动学方程。

解：分析 由受力分析出发，可得到小球做简谐振动的结论，于是由已知可解得其运动学方程。由题意知小球平衡位置处 $mg = kl_0$，故其在任意位置受力 $F = mg - k(l_0 + x) = -kx$，由简谐振动定义知，小球的振动为简谐振动。

又由题意知，小球的振幅、角频率、初相分别为 $A = 2\text{cm}$，$\omega_0 = \sqrt{\dfrac{k}{m}} = \sqrt{\dfrac{g}{l_0}}$ $= 14\ (\text{s}^{-1})$，$\varphi = 0$，于是得到小球的运动学方程为：

$$x = 0.02\cos 14t \tag{9.3.1}$$

说明：

（1）本题是由小球受力为线性回复力得到其作简谐振动的结论。

（2）选取小球向下最大位移处开始计时，因此得到 $x = A \Rightarrow \varphi = 0$。

9.4 质量为 m 的小球在半径为 R 的光滑球形碗底作微小振动。设 $t = 0$ 时，$\theta = 0$，小球的速度为 $v_0 \boldsymbol{e}_t$，如题 9.4 图所示，向 θ 增加的方向运动，试写出小球的运动学方程。

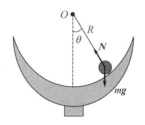

9.4 题用图

解：分析 本题可由牛顿第二定律出发求解，也可由机械能守恒定律求解。以下应用上述两种方法求解得到：

（1）以小球为研究对象进行受力分析可知，小球受到重力、光滑球面的支撑力。设逆时针方向角位移 θ 为正，选地面为惯性系，取自然坐标系求解。注意到当小球做微小振动时，$\sin \theta \approx \theta$，则由牛顿第二定律得到：

$$-mg\sin\theta = ma_t = mR\beta = mR\,\frac{\mathrm{d}^2\theta}{\mathrm{d}t^2} \tag{9.4.1}$$

$$R\,\frac{\mathrm{d}^2\theta}{\mathrm{d}t^2} + g\theta = 0 \Rightarrow \frac{\mathrm{d}^2\theta}{\mathrm{d}t^2} + \omega_0^2\theta = 0 \tag{9.4.2}$$

$$\theta = \frac{v_0}{\omega_0 R}\cos\left(\sqrt{\frac{g}{R}}t - \frac{\pi}{2}\right) \tag{9.4.3}$$

（2）取光滑球面最低点为重力势能零点，小球运动过程仅有重力做功，故振动系统机械能守恒，注意到微小振动时 $\sin\theta \approx \theta$，则由任意时刻振动系统的机械能对时间求一次导数得到：

$$E = \frac{1}{2}mR^2\left(\frac{\mathrm{d}\theta}{\mathrm{d}t}\right)^2 + mgR(1-\cos\theta) = 常量 \Rightarrow \frac{\mathrm{d}^2\theta}{\mathrm{d}t^2} + \frac{g}{R}\sin\theta = 0 \tag{9.4.4}$$

$$\frac{\mathrm{d}^2 \theta}{\mathrm{d}t^2} + \omega_0^2 \theta = 0 \tag{9.4.5}$$

$$\theta = \theta_0 \cos(\omega_0 t + \varphi) = \frac{v_0}{\omega_0 R}\cos\left(\sqrt{\frac{g}{R}}t - \frac{\pi}{2}\right) \tag{9.4.6}$$

讨论：其中式（9.4.3）的振幅和初相，由初始条件确定，$t = 0 \Rightarrow \theta = 0$，$\frac{\mathrm{d}\theta}{\mathrm{d}t} = \frac{v_0}{R}$，则有 $\theta_0 \cos\varphi = 0$，$-\omega_0 \theta_0 \sin\varphi = \frac{v_0}{R}$，故 $\varphi = -\frac{\pi}{2}$，$\theta_0 = \frac{v_0}{\omega_0 R}$。

（2）综上所述可知，由牛顿第二定律求解较机械能守恒定律求解略显繁琐，但是前者可以得到小球所受作用力等细节，而由机械能守恒定律求解，则要求必为保守系统。

9.5 将两个劲度系数分别为 k_1、k_2 的轻弹簧串联，设该弹簧系统下端悬挂质量 m 物体，若将弹簧系统悬挂于倾角为 θ 的光滑斜面上，试证明该物体做简谐运动并求出该系统的振动频率。

解：分析 本题可由简谐振动的定义出发来证明，然后给出其振动频率。设在光滑斜面上物体平衡时两弹簧的伸长量分别为 x_1、x_2，由平衡条件知 $mg\sin\theta = k_1 x_1 = k_2 x_2$。取此平衡位置为坐标原点，沿斜面向下建立 Ox 轴，当物体坐标为 x 时，设两弹簧又被拉长 x_1'、x_2'，且 $x = x_1' + x_2'$，物体受力为 $F = mg\sin\theta - k_1(x_1 + x_1') = mg\sin\theta - k_2(x_2 + x_2')$，$F = -k_1 x_1' = -k_2 x_2'$。于是得到：

$$F = -\frac{k_1 k_2}{k_1 + k_2}x = -kx \tag{9.5.1}$$

$$\omega = \sqrt{\frac{k}{m}} = \sqrt{\frac{k_1 k_2}{m(k_1 + k_2)}} \tag{9.5.2}$$

说明：由式（9.5.1）可知，物体受到线性恢复力，故该物体作简谐运动。

9.6 利用单摆可以测量月球表面的重力加速度．设宇航员将地球上周期为 2.0s 的秒摆置于月球上测得其周期为 4.90s。若取地球表面重力加速度 9.80m·s^{-2}，试求月球表面重力加速度的数值。

解：分析 本题利用单摆简谐振动周期关系式可以得到重力加速度与周期的关系，然后把月球、地球表面的重力加速度关联起来即可求解。设月球、地球表面的重力加速度及周期分别为 g_M、g_E、T_M、T_E，由单摆周期关系式得到月球表面重力加速度的数值为：

$$T = 2\pi\sqrt{\frac{l}{g}} \Rightarrow g \propto \frac{1}{T^2} \Rightarrow \frac{g_M}{g_E} = \frac{T_E^2}{T_M^2} \tag{9.6.1}$$

$$g_M = \left(\frac{T_E}{T_M}\right)^2 g_E = 1.63(\mathrm{m \cdot s^{-2}}) \tag{9.6.2}$$

9.7 设单摆绳长 1.0m，如题 9.7 图所示初始时刻摆角最大为 5°。试求：

(1) 单摆的角频率和周期。

(2) 单摆的运动学方程。

(3) 摆角为 4°时摆球的角速度和线速度的数值。

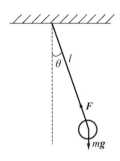

9.7 题用图

解：分析 单摆在摆角 $\theta < 5$° 时为简谐振动，因此直接由简谐振动相关规律求解即可。于是得到单摆的角频率、周期和运动学方程，以及摆角 4°时摆球角速度、线速度的数值分别为：

$$\omega_0 = \sqrt{\frac{g}{l}} = 3.13(\mathrm{s^{-1}}) \tag{9.7.1}$$

$$T = \frac{2\pi}{\omega_0} = 2.01(\mathrm{s}) \tag{9.7.2}$$

$$\theta = \frac{\pi}{36}\cos(3.13t) \tag{9.7.3}$$

$$\frac{\mathrm{d}\theta}{\mathrm{d}t} = -\theta_{\max}\omega_0\sin\omega_0 t = -\theta_{\max}\omega_0\sqrt{1 - \cos^2\omega_0 t} = -0.164(\mathrm{s^{-1}}) \tag{9.7.4}$$

$$v = l\left|\frac{\mathrm{d}\theta}{\mathrm{d}t}\right| = 0.164(\mathrm{m \cdot s^{-1}}) \tag{9.7.5}$$

说明：由题意知，初始时刻 $\theta = \theta_{\max} = 5$°，得到振动初相位 $\varphi = 0$；当摆角为 4°时，有 $\cos\omega_0 t = \theta/\theta_{\max} = 0.8$，由此可得摆球的角速度和线速度。

9.8 设质量 1kg 的物体作简谐运动，振幅 24cm，周期 4s，当 $t = 0$ 时位移为 -12cm 且向 Ox 轴负方向运动，试求：

(1) 运动学方程。

(2) 由初始位置到 $x = 0$ 所需最短时间。

（3）系统的总能量。

解：分析 本题可首先由旋转矢量法如题 9.8 图所示求得初相位，得到运动学方程，然后再求得由初始位置到坐标原点所需最短时间及系统的总能量为：

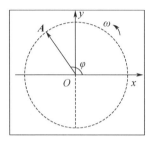

9.8 题用图

（1）
$$x = 0.24\cos\left(\frac{1}{2}\pi t + \frac{2\pi}{3}\right) \tag{9.8.1}$$

（2）
$$t_{\min} = \frac{\Delta\varphi}{\omega_0} = \frac{5}{3}(\text{s}) \tag{9.8.2}$$

（3）
$$E = E_k = \frac{1}{2}mA^2\omega_0^2 = 0.07106(\text{J}) \tag{9.8.3}$$

讨论：

（1）由题意及旋转矢量法求得 $\varphi = \frac{2\pi}{3}$，其中 $x_0 = 0.24\cos\varphi = -0.12$，

$\omega_0 = \frac{2\pi}{T} = \frac{1}{2}\pi$。

（2）自初始位置到 $x = 0$，如题 9.3 图所示旋转矢量转动最小角度

$\Delta\varphi = \frac{3\pi}{2} - \varphi = \frac{5\pi}{6} = \omega_0 t$。

（3）由于系统机械能守恒，故有 $E = \frac{1}{2}kA^2 E_{k,\max} = \frac{1}{2}mv_{\max}^2 = \frac{1}{2}mA^2\omega_0^2$。

9.9 质量为 0.10kg 的物体，以振幅 1.0×10^{-2}m 作简谐运动，其最大加速度的值为 4.0m·s^{-2}，试求：

（1）物体通过平衡位置时的总能量。

（2）物体位于何处系统的动能与势能相等。

（3）$x = \frac{1}{2}A$ 时系统的动能与势能。

解：分析 由简谐振动最大加速度关系式可求（1），令动能与势能相等

可解（2），由简谐振动势能、动能关系式可求（3）。

(1) $a_{\max} = A\omega_0^2 = 4.0(\mathrm{m \cdot s^{-2}})$

$$\Rightarrow E = E_k = \frac{1}{2}mA^2\omega_0^2 = 2.0 \times 10^{-3}(\mathrm{J}) \tag{9.9.1}$$

(2) $E_k = E_p \Rightarrow \frac{1}{2}mA^2\omega_0^2 = \frac{1}{2}kx_0^2 = \frac{1}{4}kA^2$

$$\Rightarrow x_0 = \pm\frac{\sqrt{2}}{2}A = \pm 7.07 \times 10^{-3}(\mathrm{m}) \tag{9.9.2}$$

(3) $x = \frac{1}{2}A \Rightarrow E_p = \frac{1}{2}kx^2 = \frac{1}{2}k\left(\frac{A}{2}\right)^2 = \frac{E}{4}$

$$E_k = E - E_p = \frac{3}{4}E \tag{9.9.3}$$

9.10　质量为 1kg 的物体，以振幅 0.02m 作简谐振动，其最大加速度的值为 $8.0\mathrm{m \cdot s^{-2}}$。试求：

(1) 谐振动的周期。

(2) 动能的最大值。

(3) 物体位于何处其动能与势能相等。

解：分析　由简谐振动加速度、速度关系式可求（1）、（2），令动能与势能相等可解得（3）：

(1) $a_{\max} = A\omega_0^2 \Rightarrow \omega_0 = \sqrt{\frac{a_{\max}}{A}} = 20(\mathrm{s^{-1}}) \Rightarrow T = \frac{2\pi}{\omega_0} = 0.314(\mathrm{s})$ (9.10.1)

(2) $E_{k,\max} = \frac{1}{2}mv_{\max}^2 = \frac{1}{2}mA^2\omega_0^2 = 0.08(\mathrm{J})$ (9.10.2)

(3) $E_k = E_p \Rightarrow \frac{1}{2}kx^2 = \frac{1}{4}kA^2$

$$\Rightarrow x = \pm\frac{\sqrt{2}}{2}A = \pm 1.41 \times 10^{-2}(\mathrm{m}) \tag{9.10.3}$$

9.11　一物体同时参与沿 x 轴的两个谐振动，振动方程分别为：

$$x_1 = 0.05\cos\left(4t + \frac{\pi}{6}\right), \quad x_2 = 0.02\cos\left(4t - \frac{5}{6}\pi\right)(\mathrm{SI})$$

试求该物体的振动方程。

解：分析　由题意知两个分振动沿同一直线、频率相同、相位相反，故为同方向同频率简谐振动的合成问题，直接应用合成关系式求得合振动振幅、初相位及振动方程分别为：

$$A = \sqrt{A_1^2 + A_2^2 + 2A_1A_2\cos(\varphi_2 - \varphi_1)}$$
$$= |A_1 - A_2| = 0.03(\mathrm{m}) \tag{9.11.1}$$

$$\varphi = \arctan \frac{A_1 \sin \varphi_1 + A_2 \sin \varphi_2}{A_1 \cos \varphi_1 + A_2 \cos \varphi_2} = \arctan \frac{\sqrt{3}}{3} = \frac{\pi}{6} \qquad (9.11.2)$$

$$x = x_1 + x_2 = 0.03 \cos \left(4t + \frac{\pi}{6} \right) \qquad (9.11.3)$$

9.12 设有振动装置同时参与两个同方向同频率的简谐振动，振动方程分别为：

$$x_1 = 0.4 \cos \left(\pi t - \frac{5\pi}{6} \right), \quad x_2 = 0.5 \cos (\pi t + \varphi_2)(\text{SI})$$

试求：(1) 当 φ_2 为多少时装置振动最大幅值为 $A_{\max}$。

(2) 若装置振动初相 $\varphi_0 = \frac{\pi}{6}$，当 φ_2 为多少时其振动最小幅值为 $A_{\min}$。

解：分析 该题为同方向同频率简谐振动的合成问题，可直接应用相关合成关系式求解。两个分振动同相位时，合振动的振幅最大，两个分振动反相位时，合振动的振幅最小，于是得到：

(1) $\varphi_2 = -\frac{5\pi}{6} \Rightarrow A_{\max} = A_1 + A_2 = 0.4 + 0.5 = 0.9(\text{m})$ $\qquad (9.12.1)$

(2) $\varphi_2 = \frac{\pi}{6} \Rightarrow A_{\min} = |A_1 - A_2| = 0.5 - 0.4 = 0.1(\text{m})$ $\qquad (9.12.2)$

9.13 已知有三个同方向同频率的简谐振动，其运动学方程分别为 $x_1 = 5\cos(10t + 0.75\pi)$，$x_2 = 6\cos(10t + 0.25\pi)$，$x_3 = 7\cos(10t + \varphi_3)(\text{SI})$，试求：

(1) $x_1 + x_2$ 的运动学方程。

(2) $x_1 + x_3$ 的最大振幅。

解：分析 该题为同方向同频率简谐振动的合成问题，可直接应用相关合成关系式求解。且当两个分振动同相位时，合振动的振幅最大，于是得到 $x_1 + x_2$ 的运动学方程、$x_1 + x_3$ 最大振幅分别为：

(1) $$x = A \cos (10t + \varphi) \qquad (9.13.1)$$

$$A = \sqrt{A_1^2 + A_2^2 + 2A_1 A_2 \cos (\varphi_2 - \varphi_1)} = 7.8(\text{m}) \qquad (9.13.2)$$

$$\varphi = \arctan \frac{A_1 \sin \varphi_1 + A_2 \sin \varphi_2}{A_1 \cos \varphi_1 + A_2 \cos \varphi_2} = \arctan 11 \qquad (9.13.3)$$

(2) $\Delta \varphi = (\varphi_3 - \varphi_1) = 2k\pi \Rightarrow \varphi_3 = 2k\pi + \varphi_1 = 2k\pi + 0.75\pi (k = 0, \pm 1, \pm 2, \cdots)$

$$A = \sqrt{A_1^2 + A_3^2 + 2A_1 A_3 \cos (\varphi_3 - \varphi_1)} = A_1 + A_3 = 12(\text{m})$$

$$(9.13.4)$$

讨论：

（1）两个同方向同频率简谐振动的合成，仍为同方向同频率的简谐振动。多个同方向同频率的简谐振动的合成，依然为同方向同频率的简谐振动。

（2）两个同方向同频率的简谐振动的合成，分振动同相位、反相位，对应合振动振幅最大、最小。

（3）同方向同频率简谐振动的合成较简单，可以应用代数法合成，也可应用旋转矢量法合成。

（4）关于两个同方向简谐振动的合成，若两个分振动的频率均较大，但两者频率差较小，则其合振动就产生拍现象。本教学团队指导山东交通学院理学院本科生，在上述两个简谐振动合成拍现象的基础上，提出多简谐振动合成拍现象的课题，运用 MATLAB 对三个、四个等多谐振动合成拍现象进行了计算机模拟，成功设计制作了交互式软件，使得简谐振动合成的拍现象更加丰富多样。

第 10 章　波动

内容总结

10.1　教学基本要求

（1）理解描述简谐波各物理量的意义，掌握波速、波长及周期之间的关系。

（2）理解机械波产生的条件、波函数的物理意义，以及波的几何描述、平面简谐波波函数导出方法。

（3）了解波的能量传播特征及能流、能流密度等概念。

（4）理解惠更斯原理、波的叠加原理，以及波的衍射、干涉现象。

（5）理解波的相干条件，以及波的干涉加强、减弱条件。

（6）了解行波、驻波、多普勒效应、声波、电磁波及其应用。

10.2　学习指导

本章主要介绍机械波的形成、传播、干涉、衍射以及多普勒效应等内容，最后介绍声波、电磁波及其应用。振动在空间以一定速度传播便形成波动，如机械波、电磁波等。电磁波和机械波产生的机理不同，但都伴随能量的传播，都能产生反射、折射、干涉、衍射等现象。本章重点描述的机械波干涉、衍射等规律，同样适用于电磁波等其他波动。值得注意的是，本章有关干涉、衍射等内容，特别是波的干涉加强、减弱条件，均为学习第 11 章的基础。

10.2.1　内容提要

（1）关于机械波：定义、产生及分类。

（2）重要物理量：波速、波长、周期或频率。

（3）平面简谐波：波函数的建立及其物理意义。

（4）两项基本原理：惠更斯原理、波的叠加原理。

（5）波的干涉：相干条件，干涉加强、减弱条件。

（6）波的能量传播：波的能量、能流及能流密度。

10.2.2 重点解析

10.2.2.1 描述波动的物理量

（1）描述波动的物理量为波速、波长、周期或频率。波速、波长及周期之间存在确定的关系。

（2）波速是指波在介质中的传播速度，波速由介质决定，周期、频率由波源决定。

（3）沿波动传播方向相位差为 2π 的振动质点之间距为一个波长，波长反映波动在空间的周期性。

（4）波动周期等于某一振动状态传播一个波长所需要的时间间隔，反映波动在时间上的周期性。

10.2.2.2 平面简谐波

（1）波源为简谐振动产生的波为简谐波，任何复杂的波均可视为多个简谐波叠加而成，平面简谐波可视为一维简谐波处理。

（2）平面简谐波的波函数，描述简谐波传播到介质任意点处、任意时刻质元的振动。建立平面简谐波的波函数通常应用时间推迟法。平面波函数的表达式与波的传播方向有关。

10.2.2.3 波的描述方法

（1）波的几何描述法，就是借用几何图形如波线、波面和波前等描述波传播的方法。该描述方法对于分析讨论以及理解波的折射、反射、干涉和衍射等问题，具有方便实用的特点。

（2）波的图象描述法，即应用 $y=y(t)$、$y=y(x)$ 两种函数图像描述波动过程，具有图形化的特点。上述两种描述方法均具有形象化、易理解的特点。

（3）波的解析描述法，即应用波函数 $y=y(t,x)$ 的描述方法。

10.2.2.4 波动性

（1）传播过程中波遇到障碍物绕过其边缘继续传播的现象称为波的衍射，障碍物的线度与波长之比决定衍射现象的显著与否。衍射是波动特有的现象，惠更斯原理可用于解释衍射现象。

（2）由两个频率、振动方向均相同，相位差恒定的波源发出的波叠加时，空间某些地方振动始终加强某些地方振动始终减弱，形成波的强度在空间稳定分布的现象称为波的干涉，振动的强弱由两相干波的振幅及所在处的相位差决定。

（3）波动以确定的速度传播，同时伴随能量的传播，具有反射、折射、干涉、衍射等特性，统称为波动性。

10.2.2.5 相干波

（1）能够产生干涉现象的波为相干波，能够产生相干波的波源为相干波源，相干波源对应相干条件。

（2）波的干涉加强、干涉减弱条件有两种等价表示：相位差表示和波程差表示。

10.2.2.6 多普勒效应

由于观察者或波源运动，而使观察者接收到的频率与波源频率不同的现象，称为多普勒效应，在工程技术、医学、军事等领域，具有广泛的应用。

10.2.3 本章基本问题求解方法

（1）关于机械波的计算问题通常分为两大类，求解波函数的问题和应用波函数的问题。对于前者一般应用时间推迟法解决；对于后者可以直接代入波函数求解。

（2）关于波动的干涉问题，通常先求出相关相位差或波程差，然后直接应用波的干涉加强、干涉减弱条件求解。

（3）关于驻波的计算问题，一般可直接由驻波方程出发求解。

（4）关于多普勒效应的计算问题，可以应用观察者接受波的频率与波源振动频率的关系式直接求解。

问题分析解答与讨论说明

10.1　设平面简谐波波函数 $y = 0.05\cos\left(8\pi t - 2\pi x + \dfrac{\pi}{4}\right)$（SI），试求该简谐波的振幅、周期、波长及波速。

解：分析　本题为描述波动物理量的求解问题。将已知波函数与其标准形式对比，可以得到振幅、周期波长及波速分别如下：

$$y = 0.05\cos\left(8\pi t - 2\pi x + \frac{\pi}{4}\right) \Longleftrightarrow y = A\cos\left[2\pi\left(\frac{t}{T} - \frac{x}{\lambda}\right) + \varphi\right]$$

$$= A\cos\left[\omega\left(t - \frac{x}{u}\right) + \varphi\right] \tag{10.1.1}$$

$$\left.\begin{array}{l} A = 0.05(\text{m}) \\ T = 0.25(\text{s}) \\ \lambda = 1(\text{m}) \\ u = 4(\text{m} \cdot \text{s}^{-1}) \end{array}\right\} \tag{10.1.2}$$

讨论：

（1）已知波函数，求描述波动的物理量振幅、周期、波长、波速等，通常采用比较法。将题目所给波函数与波函数的标准形式对比，从而确定各特征量及波动传播方向。该方法求解简便，是一种实用的解题方法。

（2）本题也可以通过描述波动物理量的定义求解，该方法对于深刻理解波动物理量有益。

（3）当然，也可以上述两种方法联合求解描述波动的物理量。例如由比较法得到周期、波长，由定义法得到波速 $u = \dfrac{\lambda}{T} = 4\mathrm{m \cdot s}^{-1}$。

10.2 如题 10.2 图所示平面简谐波以波速 $u = 20\mathrm{m \cdot s}^{-1}$ 沿 x 轴正方向传播，设原点处介质质点的振动方程为 $y = 0.03\cos(4\pi t - \pi)(\mathrm{SI})$，试求波函数。

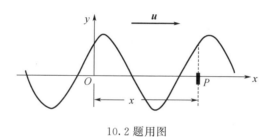

10.2 题用图

解： 分析 本题可应用时间推迟法求得波函数。如题 10.2 图所示由于 P 点重复波源 O 点处介质质点的振动，而 O 点处介质质点的振动状态传到 P 点所需时间为 $\Delta t = \dfrac{x}{u}$，即 t 时刻 P 点处介质质点的振动方程为：

$$y_P = A\cos\left[4\pi(t - \Delta t) - \pi\right] = A\cos\left[4\pi\left(t - \frac{x}{20}\right) - \pi\right] \quad (10.2.1)$$

因为 P 点是任意选取的，故上式适用于波线上任意一点。于是得到沿 x 轴正方向传播的波函数为：

$$y = 0.03\cos\left[4\pi\left(t - \frac{x}{20}\right) - \pi\right] \quad (10.2.2)$$

说明： 波函数可视为 x 轴上坐标为 x 的介质质点 P 的"振动方程"，表示 x 轴上所有质点的整体振动规律。而时间推迟法常用于已知某点处质点的振动求解波函数的问题。

10.3 波长 $\lambda = 10\mathrm{m}$ 的平面简谐波沿 x 轴负方向传播，波线上原点处介质质点的振动方程如下，试求波函数。

$$y = 0.05\cos\left(5\pi t - \frac{\pi}{3}\right)(\mathrm{SI})$$

解：分析 本题为已知波线上原点处介质质点的振动方程求波函数的问题，由时间推迟法可解。沿 x 轴正向 x 处介质质点的振动相位超前原点处质点的振动相位 $2\pi \dfrac{x}{\lambda} = \dfrac{\pi}{5}x$，故 x 点处质点的振动方程为：

$$y = 0.05\cos\left(5\pi t + \frac{\pi}{5}x - \frac{\pi}{3}\right) \tag{10.3.1}$$

说明： 由于上式描述 x 轴上任意一点的振动状态，对波线上任意一点均成立，故上式即为沿 x 轴负方向传播的平面简谐波波函数。

10.4 设有平面简谐波沿 x 轴正方向传播，振幅为 2cm、频率为 50Hz、波速为 $200\text{m} \cdot \text{s}^{-1}$。$t = 0$ 时 $x = 0$ 处介质质点位于平衡位置但其速度沿 y 轴正方向，试求：

（1）波函数。

（2）$x = 1\text{m}$ 处介质质点的振动方程。

（3）$t = 2\text{s}$ 时 $x = 1\text{m}$ 处介质质点的振动速度。

解：分析 本题可先求坐标原点处介质质点的振动方程，再由时间推迟法求得波函数：

（1）由题意 $t = 0$ 时 $x = 0$ 处的介质质点位于平衡位置但其速度沿 y 轴正方向，由此作旋转矢量如题 10.4 图所示，可得原点处介质质点的振动初相 $\varphi = -\dfrac{\pi}{2}$，故该质点的振动方程为：

$$y = 0.02\cos\left(100\pi t - \frac{\pi}{2}\right) \tag{10.4.1}$$

10.4 题用图

于是得到沿 x 轴正方向传播的平面简谐波波函数为：

$$y = 0.02\cos\left[100\pi\left(t - \frac{x}{200}\right) - \frac{\pi}{2}\right] \tag{10.4.2}$$

（2）将 $x = 1\text{m}$ 代入式（10.4.2），得到该处介质质点的振动方程为：

$$y = 0.02\cos\left(100\pi t - \pi\right)(\text{SI}) \tag{10.4.3}$$

（3）波函数式（10.4.2）对时间求一阶导数得 x 轴上各介质质点的振动

速度为：

$$v = \frac{\partial y}{\partial t} = -2\pi\sin\left(100\pi t - \frac{\pi}{2}x - \frac{\pi}{2}\right)(\text{SI}) \qquad (10.4.4)$$

将 $x = 1\text{m}$、$t = 2\text{s}$ 代入式（10.4.4），得该处介质质点 $t = 2\text{s}$ 时的振动速度为：

$$v = 0(\text{m} \cdot \text{s}^{-1}) \qquad (10.4.5)$$

10.5 平面简谐波 $t = 0$ 时刻的波形图如题 10.5 图 a 所示，若简谐波频率 250Hz、振幅 0.1m，且此时介质质点 P 的运动沿 y 轴负方向，试求：

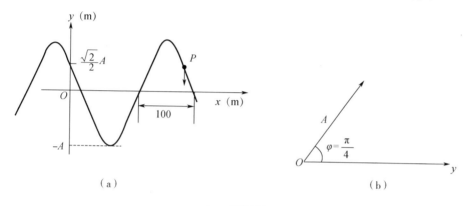

（a）   （b）

10.5 题用图

（1）波函数。

（2）距原点 100m 处介质质点的振动方程与振动速度。

解：分析 本题可先求坐标原点处介质质点的振动方程，再由时间推迟法求得波函数。

（1）由题意知 $t = 0$ 时 $x = 0$ 处介质质点的位移为 $\frac{\sqrt{2}}{2}A$，且沿 y 轴负方向振动。由此作旋转矢量如题 10.5 图 b 所示，由旋转矢量法得原点 O 处介质质点的振动初相 $\varphi = \frac{\pi}{4}$，故原点 O 处介质质点的振动方程为：

$$y = 0.1\cos\left(500\pi t + \frac{\pi}{4}\right)(\text{SI})$$

由题 10.5 图 a 看出波长 $\lambda = 200\text{m}$，故由时间推迟法求得波函数为：

$$y = 0.1\cos\left(500\pi t + \frac{\pi}{100}x + \frac{\pi}{4}\right)(\text{SI}) \qquad (10.5.1)$$

（2）将 $x = 100\text{m}$ 代入式（10.5.1），即得该处介质质点的振动方程为：

$$y = 0.1\cos\left(500\pi t + \frac{5\pi}{4}\right)(\text{SI}) \qquad (10.5.2)$$

波函数（10.5.1）对时间求一阶导数得 x 轴上各介质质点的振动速度为：

$$v = -50\pi\sin\left(500\pi t + \frac{\pi}{100}x + \frac{\pi}{4}\right)(\text{SI}) \qquad (10.5.3)$$

将 $x = 100\text{m}$ 代入式（10.5.3），即得该处介质质点的振动速度为：

$$v = -50\pi\sin\left(500\pi t + \frac{5\pi}{4}\right)(\text{SI}) \qquad (10.5.4)$$

10.6　如题 10.6 图 a 所示为平面简谐波 $t = 0$ 时的波形图，已知其频率 250Hz，且此时介质质点 P 的运动沿 y 轴方向向上，试求：

（1）波函数。

（2）距原点 7.5m 处介质质点的运动方程及 $t = 0$ 的振动速度。

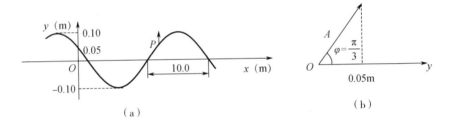

10.6 题用图

解：分析　本题可先求得坐标原点 O 处介质质点的振动方程，再由时间推迟法求得波函数。

（1）由题意知 $t=0$ 时 $x=0$ 处介质质点的位移为 0.05m 且沿 y 轴负方向振动。为此作旋转矢量如题 10.6 图所示，采用旋转矢量法求点 O 的初相 $\varphi = \frac{\pi}{3}$，原点 O 处介质质点的振动方程：

$$y = 0.1\cos\left(500\pi t + \frac{\pi}{3}\right)(\text{SI})$$

由题 10.6 图 a 可得波长 $\lambda=20\text{m}$，由时间推迟法求得波函数：

$$y = 0.1\cos\left(500\pi t + \frac{\pi}{10}x + \frac{\pi}{3}\right)(\text{SI}) \qquad (10.6.1)$$

（2）将 $x = 7.5\text{m}$ 代入式（10.6.1），即得该处介质质点的振动方程为：

$$y = 0.1\cos\left(500\pi t + \frac{13\pi}{12}\right)(\text{SI}) \qquad (10.6.2)$$

波函数（10.6.1）对时间求一阶导数得 x 轴上各介质质点的振动速度为：

$$v = -50\pi\sin\left(500\pi t + \frac{\pi}{10}x + \frac{\pi}{3}\right)(\text{SI}) \tag{10.6.3}$$

将 $x = 7.5\text{m}$，$t = 0$ 代入式（10.6.3），即得该处介质质点的振动速度为：

$$v = 40.6(\text{m}\cdot\text{s}^{-1}) \tag{10.6.4}$$

10.7 设两相干波源相距 30.0m，位于同一介质中 A、B 两点，其振幅相等、频率皆为 100Hz，波速 400m·s^{-1}，且 B 点比 A 点相位超前 π。试求 A、B 连线上因干涉而静止点的位置。

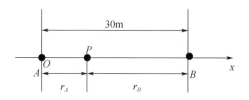

10.7 题用图

解： 分析 本题为波的干涉问题，由波的干涉条件出发可解。由题意知 $\varphi_B - \varphi_A = \pi$，设 A、B 连线上因干涉而静止的点为 P，建立如题 10.7 图所示坐标系，A 点位于坐标原点。则 P 点应满足干涉减弱条件：

$$\Delta\varphi = \varphi_B - \varphi_A - 2\pi\frac{r_B - r_A}{\lambda} = \pm(2k+1)\pi$$

$$\Rightarrow r_B - r_A = \pm k\lambda \quad (k = 0,1,2,\cdots) \tag{10.7.1}$$

$$\lambda = \frac{u}{\nu} = 4(\text{m}) \tag{10.7.2}$$

（1）若 P 点位于 A 左侧，$r_B - r_A = 30\text{m} = 7.5\lambda \neq k\lambda$，故 A 左侧无干涉静止的点。

（2）若 P 点位于 B 右侧，$r_B - r_A = -30\text{m} = -7.5\lambda \neq k\lambda$，故 A 右侧无干涉静止的点。

（3）若 P 点位于 A、B 之间，如式（10.7.3）及题 10.7 图所示存在干涉静止的点，且 $0 < r_A < 30$。

$$r_B - r_A = (30 - r_A) - r_A = 30 - 2r_A = \pm k\lambda \quad (k = 0,1,2,\cdots) \tag{10.7.3}$$

$$r_A = 15 \pm 2k = 1\text{m}, 3\text{m}, 5\text{m}, \cdots, 29\text{m} \tag{10.7.4}$$

10.8 设入射波波函数 $y = 0.01\cos\left[200\pi\left(t - \frac{x}{10}\right)\right]$，在固定端反射形成驻波，设坐标原点与固定端相距 0.5m，试求驻波方程。

解： 分析 本题属于驻波问题。驻波是由两振幅相等的相干波产生的特殊干涉现象，故本题可由题意先求得反射波波函数，再由两入射波、反射波叠加得到驻波方程。由题意可设反射波波函数为：

$$y_反 = 0.01\cos\left[200\pi\left(t + \frac{x}{10}\right) + \varphi\right] \tag{10.8.1}$$

其中 φ 为反射波在原点处的振动初相位。入射波在固定端激起反射波的振动方程为：

$$y_反 = 0.01\cos\left[200\pi\left(t - \frac{0.5}{10}\right) + \pi\right] \tag{10.8.2}$$

由式（10.8.1）可得反射波在点 A 的振动方程为：

$$y_反 = 0.01\cos\left[200\pi\left(t + \frac{0.5}{10}\right) + \varphi\right] \tag{10.8.3}$$

由式（10.8.2）、（10.8.3）描述的是同一个振动，得：

$$200\pi\left(t - \frac{0.5}{10}\right) + \pi = 200\pi\left(t + \frac{0.5}{10}\right) + \varphi$$

所以 $\varphi = -19\pi = -20\pi + \pi$，舍去 -20π，即 $\varphi = \pi$，最后得到反射波波函数为：

$$y_反 = 0.01\cos\left[200\pi\left(t + \frac{x}{10}\right) + \pi\right] \tag{10.8.4}$$

入射波与反射波叠加可得驻波方程：

$$y = y_入 + y_反 = 0.02\cos\left(20\pi x + \frac{\pi}{2}\right)\cos\left(200\pi t + \frac{\pi}{2}\right)(\text{SI}) \tag{10.8.5}$$

10.9 设驻波实验细弦的驻波方程 $y = 0.02\cos(10\pi x)\cos(200\pi t)$（SI），试求：

（1）相邻波节之间的距离。

（2）相干波的振幅及波速。

解：分析 本题属于驻波问题。由驻波波节满足条件可得波节坐标及相邻波节间距关系式，将已知驻波方程与驻波的标准方程比较可得相干波的振幅、波速等物理量：

（1）由驻波波节满足条件可得：

$$\cos(10\pi x) = 0 \Rightarrow 10\pi x = \pm(2k+1)\frac{\pi}{2}$$

$$\Rightarrow x = \pm\frac{(2k+1)}{20} = \pm(0.1k + 0.05) \tag{10.9.1}$$

故相邻波节间距为：

$$\Delta x = x_{k+1} - x_k = 0.1(\text{m}) \tag{10.9.2}$$

（2）将已知驻波方程与驻波的标准方程比较得：

$$y = 0.02\cos(10\pi x)\cos(200\pi t) \Leftrightarrow y = 2A\cos\left(\frac{2\pi x}{\lambda}\right)\cos(2\pi\nu t)$$

$$(10.9.3)$$

$$\left.\begin{aligned} A &= 0.01(\text{m}) \\ \lambda &= 0.2(\text{m}) \\ \nu &= 100(\text{Hz}) \\ u &= \lambda\nu = 20(\text{m}\cdot\text{s}^{-1}) \end{aligned}\right\} \qquad (10.9.4)$$

10.10 设大提琴弦长 50cm，其两端固定。手指不按压琴弦时，提琴演奏的乐曲为 A 调、440Hz，若要演奏 C 调、528Hz 的乐曲，手指应按压何处？

解：分析 本题属于驻波的应用问题。弦乐器由于产生驻波而发声，驻波上振幅为零的点为波节，振幅最大的点为波腹，弦乐器两固定端为波节，弦的长度 l 必须等于半波长的整数倍。当手指按压琴弦时，所按处为波节，故弦线固定端与手指按压处之间距 l' 应为半波长的整数倍，由此可得手指按压、不按压琴弦时弦的长度为：

$$l = n\frac{\lambda}{2} \qquad (10.10.1)$$

$$l' = n\frac{\lambda'}{2} \qquad (10.10.2)$$

$$u = \lambda\nu \qquad (10.10.3)$$

联立式(10.10.1) ～ (10.10.3)$\Rightarrow l' = \dfrac{\nu}{\nu'}l = 41.7(\text{cm})$ $\qquad (10.10.4)$

说明与应用：

（1）式（10.10.3）为声波波长与频率的关系。

（2）乐器的发声涉及许多基本概念，如驻波、声源，声音的强弱、音调、音色以及泛音等。在求解此类题目时，应注意抓住主要矛盾，尽量把实际问题简单化。例如上述问题在略去次要矛盾的情况下，弦乐器振动的弦就可以视为两端固定的细线，演奏时弦乐器形成驻波发声。

10.11 作为医学诊断方法，可应用多普勒效应检测人体器官活动情况。设频率为 ν 的超声脉冲垂直射向器官得到回声频率 $\nu' > \nu$，若人体内声速为 u，试求该器官蠕动速率 v。

解：分析 本题属于多普勒效应的应用问题。由题意超声脉冲垂直射向蠕动器官壁，得到回声频率 $\nu' > \nu$，说明面向超声仪器的器官壁此时正向超声仪器运动。此问题可分为两步：首先设超声脉冲向器官发射并被其接收，此时波源静止，器官壁作为接收者向着波源运动；其次超声脉冲由器官壁表面反射，器官壁作为波源向着接收器运动，器官壁表面反射波频率为其接收频率。于是多普勒效应频率关系式，得到器官壁接收频率、接收器接收频率、器官蠕动速率分别为：

$$\nu_{器官接收} = \frac{u+v}{u}\nu \qquad (10.11.1)$$

$$\nu' = \frac{u}{u-v}\nu_{器官接收} \qquad (10.11.2)$$

$$联立式(10.11.1)、(10.11.2) \Rightarrow v = \frac{\nu'-\nu}{\nu'+\nu}u \qquad (10.11.3)$$

10.12　设警车以 $25\text{m}\cdot\text{s}^{-1}$ 的速率在无风条件下沿公路直线行驶，若车上警笛的频率 800Hz，空气中声速 $u=330\text{m}\cdot\text{s}^{-1}$ 试求：

（1）站立在路边的交通警察听到警车驶近、驶离时警笛的频率。

（2）若警车追赶速率 $15\text{m}\cdot\text{s}^{-1}$ 的客车，客车司机所听到警笛的频率。

解：分析　本题属于多普勒效应的应用问题。波源与观察者相对介质运动，当两者靠近或远离时，观察者接收的频率高于或低于波源频率的现象，称之为多普勒效应。由多普勒效应频率关系式出发，求解得到警车驶近、驶离时警笛频率及客车司机所听到警笛频率分别为：

$$(1)\ \nu' = \frac{u}{u-v_s}\nu = \frac{330}{330-25}\times 800 = 865.6(\text{Hz}) \qquad (10.12.1)$$

$$\nu'' = \frac{u}{u+v_s}\nu = \frac{330}{330+25}\times 800 = 743.7(\text{Hz}) \qquad (10.12.2)$$

$$(2)\ \nu''' = \frac{u-v_0}{u-v_s}\nu = \frac{330-15}{330-25}\times 800 = 826.2(\text{Hz}) \qquad (10.12.3)$$

10.13　设有静止声源 S 的频率 $\nu_s = 300\text{Hz}$，已知声速 $u = 330\text{m}\cdot\text{s}^{-1}$，若观察者以速率 $v_R = 60\text{m}\cdot\text{s}^{-1}$ 向右运动，如题 10.13 图所示，反射壁以速率 $v = 100\text{ m}\cdot\text{s}^{-1}$ 亦向右运动，试求观察者测量的拍频。

10.13 题用图

解：分析　本题属于多普勒效应的应用问题。由多普勒效应频率关系式出发，得到观察者所接收声源声音频率 ν'、反射壁所接收频率 ν''、反射壁反射声音频率 ν'''，以及拍频（$\nu' - \nu'''$）为：

$$\nu' = \frac{u - v_R}{u}\nu_s = \frac{330 - 60}{330} \times 300 = 245.5(\mathrm{Hz}) \qquad (10.13.1)$$

$$\nu'' = \frac{u - v}{u}\nu_s = \frac{330 - 100}{330} \times 300 = 209.1(\mathrm{Hz}) \qquad (10.13.2)$$

$$\nu''' = \frac{u + v_R}{u + v}\nu'' = \frac{330 + 60}{330 + 100} \times 209.1 = 189.6(\mathrm{Hz}) \qquad (10.13.3)$$

$$\nu' - \nu''' = 245.5 - 189.6 = 55.9(\mathrm{Hz}) \qquad (10.13.4)$$

说明：拍频为观察者接收到声源声音与反射壁反射声音两者的频差。

第 11 章　光学

内容总结

11.1　教学基本要求

（1）理解相干光条件及获得相干光的两种典型方法。

（2）掌握光程的概念，及光程差与相位差的关系，理解半波损失引起的附加光程差。

（3）掌握杨氏双缝干涉、薄膜干涉条纹位置的分析方法。

（4）掌握等厚干涉原理，以及劈尖干涉、牛顿环干涉及其应用。

（5）了解惠更斯—菲涅耳原理，及其对光波衍射现象的定性解释。

（6）了解菲涅耳波带法，以及缝宽、波长对单缝夫琅禾费衍射条纹分布的影响。

（7）理解夫琅禾费圆孔衍射，以及衍射对光学仪器分辨本领的影响。

（8）理解自然光与偏振光的区别，以及线偏振光的获得、检测方法。

（9）掌握马吕斯定律、布儒斯特定律的应用。

11.2　学习指导

光具有波粒二象性。作为电磁波，光波具有波动的共性。本章主要讨论光的波动性。对于本章的学习，应当注意与第 10 章的关联内容，其关于机械波干涉、衍射的理论在本章完全适用，但应当注意波程差到光程差的转换。本章内容可划分为三大部分：光波的干涉、衍射及偏振。对于光波干涉、衍射问题的求解，光程差是核心内容。

11.2.1　内容提要

（1）关于相干光：光源的发光机理、相干光条件及获得相干光的方法，光程差与相位差的关系、干涉明暗纹条件。

（2）五种干涉：杨氏双缝干涉、薄膜干涉、劈尖干涉、牛顿环干涉、迈克尔逊干涉。

（3）三种基本衍射：单缝衍射、圆孔衍射、光栅衍射。

（4）光的偏振性：自然光、偏振光，偏振光的获得、检测方法。

（5）三个基本规律：惠更斯－菲涅耳原理、马吕斯定律和布儒斯特定律。

11.2.2　重点解析

（1）光波干涉加强、减弱，由相干光在干涉点的相位差决定，而相位差由光程差决定，故研究干涉现象光程差尤为重要。计算光程差时应注意考虑由于半波损失引起的附加光程差，当两束相干光都存在或都不存在半波损失时不必考虑，但当两束相干光仅一束存在半波损失时必须考虑。

（2）杨氏双缝干涉是最早应用单一光源获得稳定干涉的实验，通过对光程差的分析，利用几何关系及干涉加强、减弱条件，即可得到杨氏双缝干涉明暗纹条件，于是得到其干涉条纹特点，为与狭缝平行、等间距、明暗相间的直条纹。同理可得到劈尖、牛顿环等其他干涉条纹的特点。

（3）惠更斯－菲涅耳原理表明衍射明、暗条纹，是从同一波面上发出子波干涉的结果。应用菲涅耳提出的波带法，可方便判断单缝夫琅禾费衍射明暗条纹的位置，可以得到衍射明、暗纹条件，但应注意与干涉明、暗纹机理完全不同。

（4）光波是横波，具有偏振性。自然光通过偏振片时变为偏振光，光强降为入射光强的一半。偏振光通过偏振片时，光强与偏振光和偏振片偏振化方向的夹角有关。自然光以布儒斯特角入射时反射光为偏振光，透射光是部分偏振光。

11.2.3　干涉问题基本求解步骤

（1）分析光路得到光程。

（2）考虑附加光程差计算总光程差。

（3）应用干涉条件得到干涉明、暗纹结果。

（4）讨论与总结。

问题分析解答与讨论应用

11.1　设有双缝干涉如题 11.1 图所示，若应用折射率 $n_1 = 1.4$ 的玻璃薄片覆盖狭缝 S_1，使用折射率 $n_2 = 1.7$ 同样厚度的玻璃薄片覆盖狭缝 S_2，使得未覆盖玻璃片时屏幕上中央明纹 O 处呈现第 5 级明纹．现以波长 $\lambda = 480\text{nm}$ 单色光源照射狭缝，且光线近似垂直穿过玻璃薄片，试求其厚度 d。

解：分析　本题为杨氏双缝干涉问题，是典型的分波阵面干涉。当玻璃

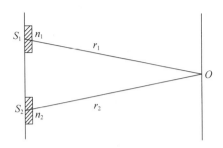

11.1 题用图

薄片覆盖狭缝时，到达屏幕的光程差发生改变，故由双缝干涉明纹条件，可求其厚度。于是得到覆盖、未覆盖玻璃薄片光程差及玻璃薄片厚度分别为：

$$\delta = r_2 - r_1 = 0 \tag{11.1.1}$$

$$\delta' = \pm k\lambda \quad (k = 0, 1, 2, \cdots)$$

$$\Rightarrow \delta' = (r_2 + n_2 d - d) - (r_1 + n_1 d - d) = 5\lambda \tag{11.1.2}$$

$$(n_2 - n_1)d = 5\lambda \Rightarrow d = \frac{5\lambda}{n_2 - n_1} = 8.0 \times 10^{-6} (\text{m}) \tag{11.1.3}$$

说明： 对于双缝干涉，屏幕上呈现的干涉图样，不仅与双缝至屏幕间距有关，还与双缝至屏幕间的介质折射率有关，即与光程差密切相关。

11.2 杨氏实验如题 11.2 图所示，双缝至屏幕间距 $D = 120\text{cm}$，双缝间距 $d = 0.50\text{mm}$，若用波长 $\lambda = 500\text{nm}$ 单色光垂直照射双缝，试求：

（1）零级明纹上方第 5 级明纹的坐标 x。

（2）用厚度 $l = 1.0 \times 10^{-2}\text{mm}$、折射率 $n = 1.58$ 透明薄膜覆盖狭缝 S_1，上述第 5 级明纹的坐标 x'。

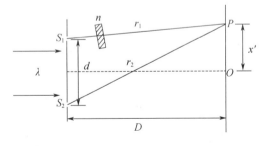

11.2 题用图

解：分析 本题属于杨氏双缝干涉问题。应用双缝干涉明纹中心坐标关系式，代入相关数据即可求解（1）。当使用透明薄膜覆盖狭缝 S_1，由双缝射出光的光程差发生改变，由干涉明纹条件可求解（2）。于是得到：

(1) $x = \pm k \dfrac{D\lambda}{d} \Rightarrow x = k\lambda \dfrac{D}{d} = 5 \times 500 \times 10^{-9} \times \dfrac{120 \times 10^{-2}}{0.50 \times 10^{-3}}$

$$= 6.0(\text{mm}) \qquad (11.2.1)$$

（2）覆盖、未覆盖透明薄膜，由几何关系得到两光线光程差分别为：

$$r_2 - r_1 = \dfrac{d}{D} x' \qquad (11.2.2)$$

$$\delta = r_2 - (r_1 - l + nl) = \dfrac{d}{D} x' - (n-1)l \qquad (11.2.3)$$

对于第 5 级条纹 $\delta = 5\lambda$，故得到第 5 级明纹坐标：

$$x' = \dfrac{D}{d}\big[(n-1)l + 5\lambda\big] = 19.9(\text{mm}) \qquad (11.2.4)$$

讨论：双缝干涉明、暗纹中心坐标，与双缝至屏幕间距、双缝间距、波长及条纹级次等均有关系。

11.3 波长 $\lambda = 550\text{nm}$ 的单色平行光，垂直入射缝间距为 $2 \times 10^{-4}\text{m}$ 的双狭缝，若屏幕至双缝间距 $D = 2\text{m}$，试求：

（1）初态中央明纹两侧第 10 级明纹中心间距。

（2）若终态使用厚度 $e = 6.6 \times 10^{-6}\text{m}$、折射率 $n = 1.58$ 的玻璃薄片覆盖一缝，零级明纹将移至初态第几级明纹处。

解：**分析** 本题由杨氏双缝干涉相邻明纹间距关系式，以及明纹干涉条件可解。双缝干涉明、暗纹等间距分布，相邻明、暗纹间距均相等，故由相应关系式可得：

（1）初态中央明纹两侧第 10 级明纹中心间距：

$$x = \pm k \dfrac{D\lambda}{d} \Rightarrow \Delta x = 2 \times \left(10 \dfrac{D}{d} \lambda\right) = 0.11(\text{m}) \qquad (11.3.1)$$

（2）终态玻璃片覆盖一缝后零级明纹满足：

$$r_2 - \big[r_1 + (n-1)e\big] = 0 \qquad (11.3.2)$$

设不覆盖玻璃片初态时，此点为第 k 级明纹，则应有：

$$r_2 - r_1 = k\lambda \qquad (11.3.3)$$

$$(n-1)e = k\lambda \qquad (11.3.4)$$

$$k = (n-1)\dfrac{e}{\lambda} = 6.96 \approx 7 \qquad (11.3.5)$$

说明与总结：

（1）由式（11.3.5）看出，终态零级明纹移到初态第 7 级明纹处。

（2）应当注意的是，求解双缝干涉明、暗纹中心坐标等问题时，除了涉及双缝至屏幕间距、双缝间距、波长及条纹级次等因素，还涉及光路中介质折射率。

11.4 设双缝间距 5.0mm，缝屏间距 1.0m，若屏幕上呈现双缝干涉的两个干涉图样，分别对应 $\lambda=480\text{nm}$、$\lambda'=600\text{nm}$ 两个光源。试求两干涉条纹第 3 级明纹间距。

解：**分析** 本题涉及杨氏双缝干涉问题，直接应用双缝干涉明纹中心位置关系式即可求解。对于两干涉条纹，其第 3 级干涉明纹位置，以及第 3 级明纹间距分别为：

$$x=\pm k\frac{D\lambda}{d}\Rightarrow x=\frac{D}{d}3\lambda, \quad x'=\frac{D}{d}3\lambda' \tag{11.4.1}$$

$$\Delta x=x'-x=\frac{D}{d}3(\lambda'-\lambda)\Rightarrow\Delta x=7.2\times10^{-5}(\text{m}) \tag{11.4.2}$$

总结：

（1）对于双缝干涉，若入射光波长不同，各级条纹的位置也不同，相邻明纹间距将随波长的增大而变大。

（2）若用白光照射双缝，除中央明纹是白色外，由于不同波长明纹位置不重合，故其他各级明纹均为彩色条纹。

11.5 折射率 $n=1.50$ 的玻璃上表面镀有 $n'=1.35$ 的透明介质薄膜。若入射光垂直介质膜表面照射，观察到反射光干涉图样，且 $\lambda_1=600\text{nm}$ 的光波干涉相消，$\lambda_2=700\text{nm}$ 的光波干涉相长。但在 $600\sim700\text{nm}$ 之间，没有其他波长发生干涉现象，试求所镀介质薄膜厚度。

解：**分析** 本题为薄膜干涉问题，是典型的分振幅干涉，由薄膜干涉条件可解。设介质薄膜厚度为 d，其上、下表面反射均为由光疏介质至光密介质，故不计附加光程差，且由题意入射光垂直入射 $i=0$。于是得到由 λ_1、λ_2 所满足的薄膜干涉条件，以及薄膜厚度分别为：

$$\left.\begin{array}{l}\delta_{\text{反}}=2nd=(2k+1)\dfrac{\lambda}{2}\ (k=0,1,2,\cdots)\Rightarrow2n'd=(2k+1)\dfrac{\lambda_1}{2}\\[2mm]\delta_{\text{反}}=k\lambda\ (k=1,2,\cdots)\Rightarrow2n'd=k\lambda_2\end{array}\right\} \tag{11.5.1}$$

由式 $(11.5.1)\Rightarrow k=\dfrac{\lambda_1}{2(\lambda_2-\lambda_1)}=3 \tag{11.5.2}$

$$d=\frac{k\lambda_2}{2n'}=7.78\times10^{-4}(\text{mm}) \tag{11.5.3}$$

总结：关于薄膜干涉光程差的计算，应注意有无附加光程差的分析。

11.6 厚度 $h=0.34\mu\text{m}$ 的平行薄膜置放于空气中，其折射率 $n=1.33$。

若用白光 $\lambda = 390 \sim 720\text{nm}$ 照射，试问：

（1）视线与膜面法线成 $60°$ 角时，薄膜表面呈现何种颜色？

（2）视线与膜面法线成 $30°$ 角时，薄膜表面呈现何种颜色？

解：分析 本题涉及薄膜干涉问题。可见光范围，干涉相长波长对应的颜色即为膜面呈现色彩。故已知入射角、薄膜折射率及其厚度，由薄膜干涉明条纹关系式可求解对应长波，对照电磁波波长范围表，由波长与颜色的对应关系即可得到结论。故首先由明纹干涉条件求得明纹对应波长，再由所得波长判定薄膜表面色彩。于是解得：

$$\delta = 2h\sqrt{n^2 - \sin^2 i_1} + \frac{\lambda}{2} = k\lambda \quad (k = 1,2,3\cdots) \tag{11.6.1}$$

$$2 \times 340 \times \sqrt{1.33^2 - \sin^2 60°} = \left(k - \frac{1}{2}\right)\lambda \Rightarrow \lambda = \frac{686.4 \times 2}{2k - 1} \tag{11.6.2}$$

$$\begin{cases} k = 2 \Rightarrow \lambda = 457.6\text{nm} \Rightarrow 蓝色 \\ 同理\ i = 30° \Rightarrow \lambda = 558.7\text{nm} \Rightarrow 绿色 \end{cases} \tag{11.6.3}$$

讨论： 由上述求解过程可知，薄膜干涉的光程差与薄膜厚度、折射率和光波的入射角均有关系。

11.7 应用波长 500nm 的单色光垂直照射两块光学平板玻璃构成的空气劈尖，观察到反射光干涉条纹距劈尖棱边 $l = 1.56\text{cm}$ 的 A 处，恰为由棱边计数第 4 条暗纹中心，试求：

（1）空气劈尖角 θ。

（2）若用 600nm 单色光垂直照射 A 处，为明纹还是暗纹？

（3）在（2）条件下从棱边到 A 处共有几条明纹或暗纹？

解：分析 本题属于空气劈尖问题，是典型的薄膜干涉，也是典型的等厚干涉。由劈尖干涉暗纹条件，可求得 A 处空气膜厚度，再由几何关系可求得劈尖角。而由空气劈尖光程差关系式可求得明、暗纹分布情况，于是得到：

（1）由题意 $n_2 = 1$，且有 $n_1 > n_2 < n_3$，且第一条暗纹对应 $k = 0$，第 4 条暗纹对应 $k = 3$，由空气劈尖干涉暗纹条件解得 A 处空气膜厚度及劈尖角为：

$$\delta = 2d + \frac{\lambda}{2} = (2k + 1)\frac{\lambda}{2} \Rightarrow d = \frac{k\lambda}{2} = \frac{3\lambda}{2} \tag{11.7.1}$$

$$\theta = \frac{d}{l} = \frac{3\lambda}{2l} = 4.8 \times 10^{-5}\,(\text{rad}) \tag{11.7.2}$$

（2）当波长为 $\lambda' = 600\text{nm}$ 在 A 处产生的光程差为：

$$\delta = 2d + \frac{\lambda}{2} \Rightarrow \delta' = 2d + \frac{\lambda'}{2} = 2 \times \frac{3\lambda}{2} + \frac{\lambda'}{2} = 3\lambda' \tag{11.7.3}$$

故 A 处为第 3 级明纹，棱边依然为暗纹。

（3）由上述计算可知 A 处为第 3 级明纹，故从棱边到 A 处共有明纹、暗纹各 3 条。

讨论与应用：

（1）劈尖干涉条纹是一系列平行于劈尖棱边明、暗相间的直条纹。

（2）应用劈尖干涉条纹规律，若已知光在真空中波长 λ、折射率 n、条纹间距 l 和劈尖长度 L，可计算细丝直径 D。若前述条件增加已知细丝直径 D 的条件，去除已知折射率的条件，则可计算构成劈尖材料的折射率 n，故劈尖干涉为测量透明材料折射率的方法之一。应用劈尖干涉还可以测量与光波波长同数量级的薄膜厚度。

11.8 应用钠光灯黄光为光源，测得牛顿环第 k、$k+5$ 级暗环半径分别为 $r_k=4\text{mm}$、$r_{k+5}=6\text{mm}$。已知钠黄光波长 $\lambda = 589.3\text{nm}$，试求：

（1）所用平凸透镜曲率半径 R。

（2）k 为第几级暗环。

解： 分析 本题为牛顿环计算问题，也是典型的薄膜干涉，由其暗环干涉条件可解。故由暗环干涉条件及题意解得第 k 级暗环半径、透镜曲率半径及暗环级别分别为：

$$r_k = \sqrt{kR\lambda} \Rightarrow \lambda = \frac{r_k^2}{kR} \tag{11.8.1}$$

$$r_{k+5} = \sqrt{(k+5)R\lambda} \Rightarrow \lambda = \frac{r_{k+5}^2}{(k+5)R} \tag{11.8.2}$$

联立式（11.8.1）、（11.8.2）$\Rightarrow \begin{cases} R = 6.79(\text{m}) \\ k = 4 \end{cases}$ （11.8.3）

讨论与应用：

（1）综上所述，若已知光源波长，通过测量牛顿环暗环半径，即可由暗环干涉条件求得平凸透镜曲率半径。故牛顿环提供了一种利用光波干涉精确测量平凸透镜曲率半径的方法。

（2）应用牛顿环，还可检测透镜等光学元件的质量及液体材料的折射率。

（3）牛顿环也是典型的等厚干涉，工业生产领域将等厚干涉广泛应用于精密测量，以及玻璃、金属等材料表面加工质量的检测。

11.9 应用波长 λ 单色光垂直入射至单缝 AB 如题 11.9 图所示，试求：

（1）$AP-BP=2\lambda$，对 P 点而言狭缝可分为几个半波带？P 点是明或暗？

（2）$AP-BP=1.5\lambda$，P 点是明或暗？$AQ-BQ=2.5\lambda$，Q 点是明或暗？

P、Q 二者相比何者较亮？

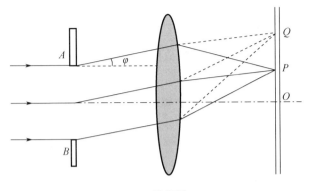

11.9 题用图

解：分析 本题属于单缝衍射问题，利用单缝衍射明纹、暗纹条件可求解。于是有明、暗条纹条件为：

$$\begin{cases} \varphi = 0 & (11.9.1) \\ b\sin\varphi = \pm(2k+1)\dfrac{\lambda}{2} \quad (k=1,2,\cdots) & (11.9.2) \end{cases}$$

$$b\sin\varphi = \pm k\lambda \quad (k=1,2,\cdots) \qquad (11.9.3)$$

（1）由题意知 AP 与 BP 的最大光程差为 $\Delta = 2\lambda = 4 \times \dfrac{\lambda}{2}$，故狭缝可分为 4 个半波带，故 P 点是暗点。

（2）若 $AP - BP = 1.5\lambda$，最大光程差为 $\Delta = 1.5\lambda = 3 \times \dfrac{\lambda}{2}$，狭缝可以分为 3 个半波带，故 P 点是明点；对点 Q，AQ 与 BQ 的最大光程差为 $\Delta = 2.5\lambda = 5 \times \dfrac{\lambda}{2}$，狭缝可以分为 5 个半波带，故 Q 点是明点。由于 P 点对应三分之一个波带，Q 点对应五分之一个波带，故 P 点较亮。

说明： 利用菲涅耳半波带法处理单缝衍射问题，可避免复杂的计算，又可定性分析出明、暗条纹位置，但缺陷是无法定量分析光强分布。

11.10 若天文台的微波综合孔径射电望远镜为相控阵雷达系统，设置在东西方向一列共由 28 个抛物面天线组成，为了不产生附加相位差，用等长的信号电缆连接到同一个接收器上，用以接收宇宙射电源发出的 232MHz 电磁信号。工作时各个抛物面天线的作用等效于间距 $d = 6\text{m}$、总数 192 个天线的一维天线列阵，试问：

（1）接收器接收到正天顶射电源发射的电磁波信号，产生极大还是极小？

（2）位于正天顶东方多少角度的射电源发射的电磁波产生第一级极大？

解：**分析**　本题为单缝衍射问题，由单缝衍射极大、极小条件即可求解。

（1）由正天顶射电源发来的电磁波信号到达天线时同相位，相位差为 0，故产生极大。

（2）极大值的方位取决于 $d\sin\varphi = k\lambda$，对于第一级极大 $k = 1$，故有：

$$\varphi = \arcsin\frac{\lambda}{d} = \arcsin\frac{c}{\nu d} = 0.217\text{rad} = 12.4° \tag{11.10.1}$$

11.11　单缝夫琅和费衍射实验，若缝宽 $b = 5\lambda$，缝后透镜焦距 $f = 0.5\text{m}$，试求：

（1）中央明纹宽度。

（2）第一级明条纹宽度。

解：**分析**　本题属于单缝衍射问题，利用单缝衍射中央明纹关系式、其他明纹宽度关系式即可求解。

（1）由单缝衍射中央明纹宽度关系式得：

$$\Delta x_0 = \frac{2\lambda f}{b} = \frac{2\lambda(0.5)}{5\lambda} = 0.2(\text{m}) \tag{11.11.1}$$

（2）由单缝衍射其他明纹宽度关系式得第一级明纹宽度：

$$\Delta x_1 = \frac{\lambda f}{b} = 0.1(\text{m}) \tag{11.11.2}$$

说明：单缝衍射实验的中央明纹为其他明纹宽度的 2 倍。

11.12　天文台为提高无线电天文望远镜的分辨率，现采用特长基线干涉法，即将两台相距较远的望远镜联网，把同时测得的电信号进行叠加分析。设两台望远镜相距 10^4km，所用无线电波波长 $\lambda = 5\text{cm}$，试求特长基线干涉法所能达到的最小分辨角。

解：**分析**　本题为最小分辨角的计算问题，由题意知两台望远镜间距为光学孔径，即 $D = 10^7\text{m}$，故由最小分辨角关系式可求解。

$$\theta_0 = \frac{1.22\lambda}{D} = 6 \times 10^{-9}(\text{rad}) \tag{11.12.1}$$

说明与应用：将光学仪器最小分辨角的倒数称为光学仪器的分辨率。该分辨率与光学仪器的透光孔径 D 成正比，与所用工作波长成反比。天文观察采用直径较大的透镜，就是为了提高天文望远镜的分辨率。而显微镜通常采用波长较短的紫外线为光源，也是为了提高其分辨率。而电子束的有效波长是可见光波长的 10 万分之一，故电子显微镜的分辨率得以大幅度提高，可以达到光学显微镜分辨率的 10 万倍。

11.13 设行驶在公路上车辆的车头大灯间距 1.0m，该大灯发出波长 500nm 的可见光，若行人瞳孔直径 3mm，试求夜间前方迎面驶来的车辆距离行人多远时恰能被其所分辨。

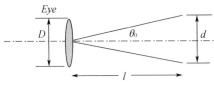

11.13 题用图

解：分析 本题为最小分辨角的计算问题，由最小分辨距离 d、视距离 l、瞳孔直径 D 与最小分辨角 θ_0 的几何关系可求解。由题 11.13 图所示及最小分辨角定义得到：

$$\theta_0 = \frac{1.22\lambda}{D} = \frac{d}{l} \Rightarrow l = 4918(\text{m}) \tag{11.13.1}$$

应用： 此处行人眼睛的最小分辨距离为车头大灯间距，而视距离即为恰能被行人所分辨其正前方车辆的间距。

11.14 应用每厘米 5000 条栅纹的衍射光栅观察钠光谱线，已知 $\lambda = 589.3$nm，且光线垂直入射，试问：

(1) 最多可观察几级明条纹？

(2) 若 $b = b'$ 时哪些明条纹缺级？

解：分析 本题属于光栅计算问题，由光栅方程和缺级公式出发，分别代入已知条件可求解。

(1) $d\sin\theta = k\lambda \Rightarrow k_{\max} = \dfrac{d\sin\theta}{\lambda} = \dfrac{2 \times 10^{-6}\sin90°}{589.3 \times 10^{-9}} = 3.39 \approx 3$ (11.14.1)

(2) $\dfrac{b+b'}{b} = 2 \Rightarrow k = \pm\dfrac{b+b'}{b}k' = \pm2k'$ （$k' = 1,2,3,\cdots$） (11.14.2)

故 ±2，±4，±6，$\cdots$明条纹缺级，其他各级明条纹均存在。

说明：

(1) 光栅常数 $d = \dfrac{1\text{cm}}{N} = \dfrac{1 \times 10^{-2}\text{m}}{5000} = 2 \times 10^{-6}(\text{m})$。

(2) 若 $\dfrac{b+b'}{b} = \dfrac{k}{k'}$ 为整数比时，将发生缺级现象。

11.15 设光强 I_0 的自然光连续通过两片偏振片，若透射光光强 $\dfrac{I_0}{4}$，试求偏振片偏振化方向夹角。

解：分析 本题由马吕斯定律可解。由题意将透射光光强代入定律得到偏振化方向夹角：

$$I = I_0 \cos^2 \alpha \Rightarrow \frac{I_0}{4} = \frac{I_0}{2} \cos^2 \alpha \tag{11.15.1}$$

$$\cos^2 \theta = \frac{1}{2} \Rightarrow \alpha = \pm 45°, \pm 135° \Rightarrow \alpha = 45° \tag{11.15.2}$$

讨论： 应用马吕斯定律，由起偏器、检偏器组成一对同轴调节系统，使起偏器或检偏器绕该轴连续转动，该光学系统可以连续改变出射光的光强，由此原理出发，可以研制教学仪器。

11.16 设两偏振片偏振化方向成 45° 夹角时，测得透射光光强为 I_1。若入射光光强不变而使偏振化方向夹角增大为 60°，试求透射光光强。

解：分析 本题为偏振片的计算问题，由马吕斯定律出发可解。设入射光光强为 I_0，则当偏振化方向分别成 45°、60° 角时，对应透射光光强 I_i（$i=1$，2），于是由该定律得到：

$$I = I_0 \cos^2 \alpha \Rightarrow I_1 = \frac{I_0}{2} \cos^2 45° = \frac{I_0}{4} \tag{11.16.1}$$

$$I = I_0 \cos^2 \alpha \Rightarrow I_2 = \frac{I_0}{2} \cos^2 60° = \frac{I_0}{8} \Rightarrow I_2 = \frac{I_1}{2} \tag{11.16.2}$$

应用： 为便于教学形象演示偏振现象，本教学团队指导山东交通学院理学院本科生研制成功"便携式色光偏振现象演示仪"，于 2016 年获得"第八届山东省大学生科技节物理科技创新大赛"三等奖。

11.17 若已知玻璃与水的折射率分别为 1.50、1.33，试求：

（1）光由水射向玻璃而被界面反射时的起偏角。

（2）光由玻璃射向水而被界面反射时的起偏角。

解：分析 本题由布儒斯特定律可解，即直接由起偏角与界面介质折射率关系式出发求解。于是得到两种情况起偏角分别为：

$$（1） \tan i_0 = \frac{n_2}{n_1} = n_{21} \Rightarrow \tan i_0 = \frac{n_2}{n_1} = \frac{1.5}{1.33} = 1.13$$

$$\Rightarrow i_0 = 48° 27' \tag{11.17.1}$$

$$（2） \tan i_0 = \frac{n_2}{n_1} = n_{21} \Rightarrow \tan i_0 = \frac{n_2}{n_1} = \frac{1.33}{1.5} = 0.89$$

$$\Rightarrow i_0 = 41° 34' \tag{11.17.2}$$

讨论与应用：

（1）应当注意的是，由上述结果得到重要结论：光由水射向玻璃反射时的起偏角，与由玻璃射向水反射时的起偏角互为余角。

（2）由上述结论可知，玻璃相对水、水相对玻璃的相对折射率分别为

$$n_{玻水} = \frac{n_玻}{n_水} = 1.13，\quad n_{水玻} = \frac{n_水}{n_玻} = 0.89。$$

（3）根据布儒斯特定律，利用布儒斯特角可以由自然光获得具有特定方向的线偏振光，激光器也常使用布儒斯特窗作为激光束的输出窗片。

第 12 章　气体动理论

内容总结

12.1　教学基本要求

（1）理解平衡态、准静态过程、温度、压强等基本概念，掌握理想气体物态方程的应用方法。

（2）理解理想气体模型及分子动理论的基本观点，以及理想气体的压强公式、温度公式，能够从宏观和微观两方面理解压强和温度等物理量。

（3）理解自由度等概念，掌握能量均分定理，并能够应用该定理计算理想气体的内能。

（4）了解麦克斯韦速率分布律、速率分布函数及速率分布曲线的物理意义，以及气体分子的三种统计速率。

（5）了解气体分子平均碰撞次数和平均自由程。

12.2　学习指导

对于本章的学习，应当重点掌握描述气体平衡态的相关物理量，并能够正确把握各物理量的物理意义。重点理解理想气体模型及分子动理论的基本观点，掌握理想气体的压强、温度、内能等关系式的应用方法，能够正确解决相关问题。值得提醒的是，思考及处理本章问题应以该基本观点为出发点，具有清晰的气体分子热运动图像，明确大量分子组成的系统所遵循的规律为热运动统计规律，与单个分子所遵循的力学规律有所不同。

12.2.1　内容提要

（1）一种理想模型：理想气体模型。

（2）一个基本观点：分子动理论的基本观点。

（3）三个基本关系式：理想气体的压强公式、温度公式、内能公式。

（4）一项重要定理：能量均分定理。

（5）三种统计速率：最概然速率、平均速率、方均根速率。

12.2.2 重点解析

（1）气体的压强、体积和温度是描述气体状态的状态参量，气体在不受外界环境影响下，其状态参量不随时间变化的状态称为平衡态。理想气体处于平衡态，其状态参量之间的关系即为理想气体物态方程，其表达形式有多种，解决问题时应当灵活应用。

（2）气体动理论是热现象的微观理论，由组成气体的物质微观结构出发，运用统计方法研究气体的宏观量与微观量之间的关系，揭示气体宏观热现象及其微观本质。分子动理论的基本观点为：一切宏观物体均由大量分子组成，分子都在永不停息地作无序热运动，分子间存在相互作用力。

（3）理想气体的压强、温度是描述理想气体性质的宏观物理量，是大量分子微观量的统计平均值。从理想气体微观模型出发，运用统计平均的方法，在两条统计假设的基础上，即可导出理想气体压强公式，结合该压强公式和理想气体物态方程，即可得到分子平均平动动能与温度的关系式。

（4）确定的理想气体系统，其内能不仅与温度有关，还与分子的自由度有关。分子的各种平均能量也与温度及分子的自由度有关。故对于相关问题的求解，应当在分子自由度分析方法的基础上，应用能量均分定理解决。

（5）气体分子时刻发生频繁碰撞，对单个分子某时刻其速率大小为偶然事件，但大量分子的速率却遵循一定的统计规律。麦克斯韦从理论上导出理想气体在平衡态下的麦克斯韦速率分布函数，其物理意义为：某一速率附近，分布在单位速率区间内的气体分子数占总分子数的比率。利用该速率分布函数及其归一化条件，可导出三种统计速率与温度的关系式。

12.2.3 本章基本问题分类

（1）热力学系统物理量的求解：系统的压强、系统的温度、系统的内能等。

（2）分子物理量的求解：分子平均平动动能、分子平均转动动能、分子平均振动动能、分子平均振动势能、分子平均总能、分子平均碰撞频率、分子平均自由程、分子自由度等。

（3）分子三种统计速率的求解：分子平均速率、分子最概然速率、分子方均根速率。

问题分析解答与讨论说明

12.1　质量为 2.0×10^{-2} kg 的氢气置于容积为 4.0×10^{-3} m³ 的容器中，

当其压强 $3.90 \times 10^5 \, \text{Pa}$ 时，试求氢气分子的平均平动动能。

解：**分析** 可将氢气视为理想气体，气体分子平均平动动能是温度的函数，而温度可由理想气体物态方程求得。氢气的温度及分子平均平动动能分别为：

$$pV = \frac{m}{M}RT \Rightarrow T = \frac{MpV}{mR} \tag{12.1.1}$$

$$\bar{\varepsilon}_k = \frac{3}{2}kT = \frac{3pVMk}{2mR} = 3.89 \times 10^{-22} \, (\text{J}) \tag{12.1.2}$$

说明：气体分子平均平动动能与气体温度成正比。气体温度越高，气体分子热运动越剧烈，分子平均平动动能也就越大，所以温度是表征大量气体分子热运动剧烈程度的宏观物理量。

12.2 设温度 $T_1 = 273\text{K}$，$T_2 = 373\text{K}$，试求理想气体分子平均平动动能。若分子平均平动动能 $\bar{\varepsilon}_k = 1.6 \times 10^{-19} \text{J}$，试计算气体温度。

解：**分析** 本题可由分子平均平动动能与温度的函数关系直接求解。故对应温度 T_1、T_2 时理想气体分子平均平动动能，以及 $\bar{\varepsilon}_k = 1.6 \times 10^{-19}\text{J}$ 的气体温度分别为：

$$\bar{\varepsilon}_{k1} = \frac{3}{2}kT_1 = 5.65 \times 10^{-21} \, (\text{J}) \tag{12.2.1}$$

$$\bar{\varepsilon}_{k2} = \frac{3}{2}kT_2 = 7.72 \times 10^{-21} \, (\text{J}) \tag{12.2.2}$$

$$T = \frac{2\bar{\varepsilon}_k}{3k} = 7.73 \times 10^3 \, (\text{K}) \tag{12.2.3}$$

说明：气体分子平均平动动能与气体温度成正比，只要温度相同，不论何种气体，其分子平均平动动能均相同。

12.3 设容积为 $2.0 \times 10^{-3} \, \text{m}^3$ 的容器内，储有分子总数 5.4×10^{22} 个，内能为 $6.75 \times 10^2 \text{J}$ 的刚性双原子分子理想气体。试求：

（1）理想气体压强。

（2）分子平均平动动能及气体温度。

解：**分析** 本题为理想气体压强与温度的计算问题。由理想气体物态方程及其内能关系，可求得气体压强，再由压强及物态方程求得温度，进而可求得理想气体分子平均平动动能。于是得到：

$$(1) \quad \left. \begin{array}{l} pV = \nu RT = \dfrac{m}{M}RT \\[2mm] E = \dfrac{i}{2}\dfrac{m}{M}RT \end{array} \right\} \Rightarrow p = \frac{2E}{iV} = 1.35 \times 10^5 \, (\text{Pa}) \tag{12.3.1}$$

(2)
$$T = \frac{pV}{Nk} = 362(\text{K}) \qquad (12.3.2)$$

$$\bar{\varepsilon}_k = \frac{3}{2}kT = 7.49 \times 10^{-21}(\text{J}) \qquad (12.3.3)$$

讨论：

(1) 由于气体分子为刚性双原子分子，故取其自由度 $i = 5$。

(2) 计算理想气体压强可由其物态方程的多种形式出发，如 $pV = \frac{m}{M}RT = NkT = \nu RT$，可由题意所给条件适当选用。

12.4 储气罐内储有 1mol 某种气体，现由外界输入 2.09×10^2 J 热量，测得其温度升高 10K，试求该气体分子自由度。

解：分析 由理想气体内能关系式出发可解得：

$$E = \frac{i}{2}\nu RT \Rightarrow \Delta E = \frac{i}{2}\nu R \Delta T \Rightarrow i = \frac{2\Delta E}{R\Delta T} = 5 \qquad (12.4.1)$$

说明： 一定量理想气体内能不仅与温度有关，还与分子自由度有关。

12.5 设密封实验舱的体积为 $(5 \times 3 \times 3)$ m³，温度为 20℃，已知空气密度 $\rho = 1.29$kg·m⁻³，摩尔质量 $M = 29 \times 10^{-3}$kg·mol⁻¹，且空气分子可视为刚性双原子分子。试求：

(1) 实验舱内空气分子平均平动动能的总和。

(2) 舱温升高 1.0K 气体内能增量、分子方均根速率增量。

解：分析 本题是关于理想气体内能及方均根速率的计算。气体内能增量和分子方均根速率增量，可由内能关系式、分子方均根速率定义式直接求得。

(1) 实验舱内空气分子数、空气分子平均平动动能、分子平均平动动能总和分别为：

$$N = \frac{\rho V}{M}N_A \qquad (12.5.1)$$

$$\bar{\varepsilon}_k = \frac{3}{2}kT \qquad (12.5.2)$$

$$N\bar{\varepsilon}_k = \frac{\rho V}{M}N_A \bar{\varepsilon}_k = \frac{\rho V}{M}N_A \times \frac{3}{2}kT = 7.31 \times 10^6(\text{J}) \qquad (12.5.3)$$

(2) 舱温升高 1.0K 气体内能增量、分子方均根速率增量分别为：

$$E = \frac{i}{2}\nu RT \Rightarrow \Delta E = \frac{i}{2}\nu R \Delta T = \frac{5}{2}\nu R = 4.16 \times 10^4(\text{J}) \qquad (12.5.4)$$

$$\sqrt{\overline{v^2}} = \sqrt{\frac{3kT}{m_0}} = 1.73\sqrt{\frac{RT}{M}}$$

$$\Rightarrow \Delta \sqrt{\overline{v^2}} = 1.7\left(\sqrt{\frac{R(T+\Delta T)}{M}} - \sqrt{\frac{RT}{M}}\right) = 0.856(\text{m} \cdot \text{s}^{-1}) \quad (12.5.5)$$

12.6　水蒸气可分解为氢气和氧气，即 $H_2O \rightarrow H_2 + \frac{1}{2}O_2$。设 1mol 水蒸气分解为同温度 1mol 氢气和 0.5mol 氧气，若不计振动自由度，试求该过程水蒸气内能增量。

解：分析　本题可视为理想气体内能的计算问题。水蒸气分解过程其内能增量为氢气、氧气内能之和减去水蒸气内能，于是由理想气体内能关系式得到：

$$E = \frac{i}{2}\nu RT \Rightarrow \Delta E = \frac{5}{2}(1+0.5)RT - \frac{6}{2}RT = 0.75RT \quad (12.6.1)$$

讨论与应用：

（1）由题意氢气、氧气可视为刚性双原子分子，故其自由度 $i = t+r+\nu = 3+2+0 = 5$，而水蒸气可视为三原子非线性分子，故其自由度 $i = t+r+\nu = 3+3+0 = 6$。

（2）水蒸气分解为氢气、氧气后内能增加，说明该热力学过程系统从外界吸收热量。

（3）水在直流电作用下分解生成氢气和氧气，称为水的电解。工业常用此法制取纯氢、纯氧气体。

12.7　已知温度为 27℃ 的气体作用于气缸器壁的压强为 $1.0 \times 10^5 \text{Pa}$，试求该气体的分子数密度。

解：分析　本题涉及理想气体压强公式的应用。故当 $T = 300\text{K}$ 时气体的分子数密度为：

$$p = nkT \Rightarrow n = \frac{p}{kT} = 2.42 \times 10^{25}(\text{m}^{-3}) \quad (12.7.1)$$

说明：常温、常压条件下，分子数密度的数量级为每立方米 10^{25}。

12.8　设温度为 290K、容为 $11.2 \times 10^{-3} \text{m}^3$ 的真空系统，其真空度为 $1.33 \times 10^{-3} \text{Pa}$。为了进一步提高其真空度，将该系统放入 573K 的烘箱内烘烤，使得吸附于器壁的气体分子释放出来，烘烤后真空系统的压强为 1.33Pa，试求器壁原来吸附的分子数。

解：分析　本题属于理想气体压强关系式的应用问题。由该式得到烘烤前后容器内分子数密度 n_1、n_2，及器壁原来吸附分子数 N 分别为：

$$p = nkT \Rightarrow n = \frac{p}{kT} \quad (12.8.1)$$

$$n_1 = \frac{p}{kT} = 3.32 \times 10^{17} \, (\text{m}^{-3}) \tag{12.8.2}$$

$$n_2 = \frac{p}{kT} = 1.68 \times 10^{20} \, (\text{m}^{-3}) \tag{12.8.3}$$

$$N = (n_2 - n_1)V = 1.88 \times 10^{18} \tag{12.8.4}$$

12.9 压强为 $1.27 \times 10^7 \, \text{Pa}$ 的氧气瓶容积为 $32 \times 10^{-3} \, \text{m}^3$，为降低消耗提高生产效率，氧气厂规定压强降到 $9.8 \times 10^4 \, \text{Pa}$ 以下时应重新充气。若生产车间平均每天使用 $9.8 \times 10^4 \, \text{Pa}$ 压强的氧气 $400 \times 10^{-3} \, \text{m}^3$，设使用过程中温度不变，试求一瓶氧气持续使用的时间。

解：分析　本题可应用理想气体物态方程求解。首先求解氧气瓶内可用氧气质量与车间每天所用氧气质量，两者的比值即为氧气使用的天数。设原瓶中氧气总质量 m_1，充气时瓶中剩余氧气质量 m_2，每天使用氧气质量 m_3，于是有：

$$pV = \frac{m}{M}RT \Rightarrow m = \frac{MpV}{RT} \tag{12.9.1}$$

$$m_1 = \frac{Mp_1V_1}{RT} \tag{12.9.2}$$

$$m_2 = \frac{Mp_2V_2}{RT} \tag{12.9.3}$$

$$m_3 = \frac{Mp_3V_3}{RT} \tag{12.9.4}$$

其中，$p_1 = 1.27 \times 10^7 \, \text{Pa}$，$p_2 = p_3 = 9.8 \times 10^4 \, \text{Pa}$，$V_1 = V_2 = 32 \times 10^{-3} \, \text{m}^3$，$V_3 = 400 \times 10^{-3} \, \text{m}^3$。则一瓶氧气可持续使用天数为：

$$n = \frac{m_1 - m_2}{m_3} = \frac{(p_1 - p_2)V_1}{p_3V_3} \approx 10.28 \, (\text{天}) \tag{12.9.5}$$

应用：本题的计算方法，可用来估算各种工程技术或工业生产所用瓶装气体的使用时间，可帮助相关人员及时做好储备，以免影响正常生产。

12.10　由真空设备获得真空度 $1.0 \times 10^{-10} \, \text{Pa}$ 的气体，试求温度 300K 时其分子数密度。

解：分析　本题可直接应用理想气体压强关系式处理，由该式解得：

$$p = nkT \Rightarrow n = \frac{p}{kT} = 2.4 \times 10^{10} \, (\text{m}^{-3}) \tag{12.10.1}$$

说明：由此可见，室温下真空度 $1.0 \times 10^{-10} \, \text{Pa}$ 的气体，其分子数密度的数量级仍为每立方米 10^{10}。

12.11　质量 $2 \times 10^{-3} \, \text{kg}$ 的氢气置于 $2 \times 10^{-2} \, \text{m}^3$ 的容器内，若其压强为

$3.94 \times 10^4 \text{Pa}$，试求氢气分子的平均平动动能。

解：分析　由理想气体物态方程求得温度，代入气体分子平均平动动能关系式可解。于是得到：

$$pV = \frac{m}{M}RT \Rightarrow T = \frac{MpV}{mR} = 96(\text{K}) \tag{12.11.1}$$

$$\bar{\varepsilon}_k = \frac{3}{2}kT = 1.98 \times 10^{-21}(\text{J}) \tag{12.11.2}$$

说明：应当注意，所求分子平均平动动能数量级为 10^{-21} 焦耳。

12.12　设氧气温度 300K，试求 1mol 氧气的分子平动动能和分子转动动能。

解：分析　本题涉及分子的两类动能. 室温条件下氧气可视为刚性双原子分子，其平动自由度为 3，转动自由度为 2，若设该系统的分子数为 N，则对应 1mol 氧气的分子平动动能、转动动能分别为：

$$\bar{\varepsilon}_{kt} = N \times \frac{3}{2}kT = N_A \times \frac{3}{2}kT = \frac{3}{2}RT = 3.74 \times 10^3(\text{J}) \tag{12.12.1}$$

$$\bar{\varepsilon}_{kr} = N \times \frac{2}{2}kT = N_A kT = RT = 2.49 \times 10^3(\text{J}) \tag{12.12.2}$$

说明：室温条件下 1mol 氧气的分子内能为 $\bar{\varepsilon}_{kt} + \bar{\varepsilon}_{kr} = N \times \frac{5}{2}kT = N_A \times \frac{5}{2}kT = \frac{5}{2}RT = 6.23 \times 10^3(\text{J})$。

12.13　试求温度 273K 条件下 7×10^{-3} kg 氮气的内能，以及分子平均平动动能、分子平均转动动能.

解：分析　本题为能量均分定理的应用问题. 室温条件下，氮气可视为刚性双原子分子，其平动自由度为 3，转动自由度为 2，振动自由度为 0，故 $i = t + r + \nu = 5$。因此氮气分子平均平动动能、分子平均转动动能和氮气内能分别为：

$$\bar{\varepsilon}_{kt} = \frac{3}{2}kT = 5.65 \times 10^{-21}(\text{J}) \tag{12.13.1}$$

$$\bar{\varepsilon}_{kr} = \frac{2}{2}kT = 3.77 \times 10^{-21}(\text{J}) \tag{12.13.2}$$

$$E = \frac{i}{2}\frac{m}{M}N_A kT = 1.42 \times 10^3(\text{J}) \tag{12.13.3}$$

说明：还可以求得该系统所包含氮气的分子数 $N = \frac{m}{M}N_A$。

12.14　设容器被隔板分成体积相等、压强均为 p_0 的两部分，分别置有温度 250K 的氦气和温度 310K 的氧气，试求抽去隔板后混合气体的温度与压强。

解：分析 由题意可设容器为绝热材料制作，首先求得混合前后气体分子能量，然后由混合前后系统能量守恒及理想气体压强公式可解。设氦气、氧气分子数为 N_1、N_2，混合后气体温度、内能为 T_i、E_i（$i=1$，2），则氦气、氧气内能及混合后系统能量守恒分别为：

$$E_1 = \frac{i_1}{2} N_1 k T_1 \tag{12.14.1}$$

$$E_2 = \frac{i_2}{2} N_2 k T_2 \tag{12.14.2}$$

$$E = \frac{i_1}{2} N_1 k T + \frac{i_2}{2} N_2 k T$$

$$= E_1 + E_2 = \frac{i_1}{2} N_1 k T_1 + \frac{i_2}{2} N_2 k T_2 = C \tag{12.14.3}$$

由理想气体压强公式可求得分子数，代入式（12.14.3）得到混合气体的温度，进而得到压强：

$$p_0 = n_i k T_i = \frac{2N_i}{V} k T_i \Rightarrow N_1 = \frac{p_0 V}{2kT_1}, \quad N_2 = \frac{p_0 V}{2kT_2} \tag{12.14.4}$$

$$\frac{i_1 p_0 V}{2k} + \frac{i_2 p_0 V}{2k} = \left(\frac{i_1 p_0 V}{2kT_1} + \frac{i_2 p_0 V}{2kT_2} \right) T$$

$$\Rightarrow T = \frac{(i_1 + i_2) T_1 T_2}{i_1 T_2 + i_2 T_1} = \frac{(3+5) T_1 T_2}{3T_2 + 5T_1} = 284.4 (K) \tag{12.14.5}$$

$$p = nkT = \frac{(N_1 + N_2)}{V} kT = \frac{1}{V} \left(\frac{p_0 V}{2kT_1} + \frac{p_0 V}{2kT_2} \right) kT$$

$$= \frac{(i_1 + i_2)(T_1 + T_2)}{2(i_1 T_2 + i_2 T_1)} p_0 = \frac{(3+5)(T_1 + T_2)}{2(3T_2 + 5T_1)} p_0 = 1.0275 p_0 \tag{12.14.6}$$

说明： 氦气为单原子分子，而氧气为双原子分子，常温状态下两者分子自由度分别为 $i_1 = 3$，$i_2 = 5$。

12.15 储有氧气的气瓶固定装载于以速率 $v = 100 \text{m} \cdot \text{s}^{-1}$ 行驶的高速动车组列车上，若氧气瓶随列车突然停止运动，分子的定向运动动能全部转变为气体分子热运动动能，试求瓶中氧气温度的增量。

解：分析 本题由分子定向运动动能及分子热运动动能联立可解：

$$\bar{\varepsilon}_k = \frac{3}{2} kT \Rightarrow \Delta \bar{\varepsilon}_k = \frac{3}{2} k \Delta T \Rightarrow E_k = \frac{1}{2} m_0 v^2 = \Delta \bar{\varepsilon}_k$$

$$\Rightarrow \Delta T = 12.8 (K) \tag{12.15.1}$$

讨论：

（1）储有气体的气瓶由运动突然静止时，由于全部定向运动动能转变为气体分子热运动能量，故容器内气体的温度升高。

（2）此处假设为常温常压状态，故仅考虑双原子分子的平动。

12.16 设温度 275K、压强 $1.00 \times 10^3 Pa$ 的气体密度为 $\rho = 1.24 \times 10^{-2}$ $kg \cdot m^{-3}$，试求气体分子方均根速率、气体摩尔质量，并判断为何类气体。

解：分析 本题的计算涉及理想气体物态方程、压强与气体分子方均根速率关系式，而气体摩尔质量 M 提供判定气体种类的信息。于是有：

$$p = \frac{1}{3} \rho \overline{v^2} \Rightarrow \sqrt{\overline{v^2}} = \sqrt{3p/\rho} = 492(m \cdot s^{-1}) \qquad (12.16.1)$$

$$pV = \frac{m}{M}RT \Rightarrow p = \frac{\rho}{M}RT$$

$$\Rightarrow M = \rho RT/p = 0.028(kg \cdot mol^{-1}) \qquad (12.16.2)$$

由气体摩尔质量可判定：该气体为氮气。

12.17 试计算温度 300K 时，氧气分子的最概然速率、方均根速率及平均速率。

解：分析 本题涉及分子的三种统计速率。由三种速率的表达式，可直接求得氧气分子最概然速率、方均根速率及平均速率分别为：

$$v_p = \sqrt{\frac{2RT}{M_{O_2}}} = 3.94 \times 10^2 (m \cdot s^{-1}) \qquad (12.17.1)$$

$$\sqrt{\overline{v^2}} = \sqrt{\frac{3RT}{M_{O_2}}} = 4.83 \times 10^2 (m \cdot s^{-1}) \qquad (12.17.2)$$

$$\overline{v} = \sqrt{\frac{8RT}{\pi M_{O_2}}} = 4.45 \times 10^2 (m \cdot s^{-1}) \qquad (12.17.3)$$

说明： 通过本题的求解可知，室温条件下一般气体分子三种速率的数量级为 $10^2 m \cdot s^{-1}$。

12.18 设氧气瓶储有压强 $1.013 \times 10^5 Pa$、温度 300K 的氧气，取其分子有效直径 $d = 2.9 \times 10^{-10} m$，试求：

（1）分子数密度 n、分子质量 m_0、气体密度 ρ 和分子间平均距离 l。

（2）分子平均总动能 $\overline{\varepsilon}$、分子平均碰撞频率 $\overline{z}$ 及平均自由程 $\overline{\lambda}$。

解：分析 若视氧气为理想气体，且为刚性双原子分子，则分子自由度为 $i = 5$，又氧气摩尔质量 $M = 0.032 \ kg \cdot mol^{-1}$。故直接应用理想气体状态方程、平均总动能，及分子平均碰撞频率、平均自由程等关系式求得：

（1） $$p = nkT \Rightarrow n = \frac{p}{kT} = 2.45 \times 10^{25}(\text{m}^{-3}) \qquad (12.18.1)$$

$$m_0 = \frac{M}{N_A} = \frac{32 \times 10^{-3}}{6.02 \times 10^{23}} = 5.31 \times 10^{-26}(\text{kg}) \qquad (12.18.2)$$

$$\rho = \frac{m}{V} = \frac{pM}{RT} = 1.30(\text{kg} \cdot \text{m}^{-3}) \qquad (12.18.3)$$

$$l = \left(\frac{1}{n}\right)^{1/3} = 3.445 \times 10^{-9}(\text{m}) \qquad (12.18.4)$$

其中设一个分子所占据空间体积 $V = \dfrac{1}{n}$，且分子整齐排列，于是可得上述分子间平均距离。

（2） $$\bar{\varepsilon} = \frac{i}{2}kT = 1.035 \times 10^{-20}(\text{J}) \qquad (12.18.5)$$

$$\bar{z} = \sqrt{2}\pi d^2 n \bar{v} = 4.07 \times 10^9(\text{s}^{-1}) \qquad (12.18.6)$$

$$\bar{\lambda} = \frac{kT}{\sqrt{2}\pi d^2 p} = 1.09 \times 10^{-7}(\text{m}) \qquad (12.18.7)$$

说明： 通过本题的求解，期望对于分子数密度、平均能量、分子的碰撞频率及平均自由程等物理量，以及在室温及标准大气压条件下的数量级有所了解。

12.19 电子管的真空度约为 $1.33 \times 10^{-3}\,\text{Pa}$，设气体分子的有效直径为 $3 \times 10^{-10}\,\text{m}$，试求温度为 300K 时的分子数密度、分子平均自由程及平均碰撞次数。

解：分析 本题为分子的平均自由程和平均碰撞次数的计算问题。分子数密度可由理想气体压强公式给出，再应用分子平均自由程、平均碰撞次数关系式即可求解。于是得到分子数密度、分子平均自由程及平均碰撞次数分别为：

$$p = nkT \Rightarrow n = p/kT = 3.2 \times 10^{17}(\text{m}^{-3}) \qquad (12.19.1)$$

$$\bar{\lambda} = \frac{1}{\sqrt{2}\pi d^2 n} = 7.8(\text{m}) \qquad (12.19.2)$$

$$\bar{z} = \sqrt{2}\pi d^2 n \bar{v} = 60(\text{s}^{-1}) \qquad (12.19.3)$$

说明： 电子管中气体视为空气，则 $M = 29\text{g} \cdot \text{mol}^{-1}$，于是 $\bar{v} = \sqrt{8kT/(\pi m_0)}$ 可求。

第 13 章　热力学基础

内容总结

13.1　教学基本要求

（1）掌握内能、功、热量、循环过程、热机等基本概念。

（2）掌握热力学第一定律及其应用，熟练计算理想气体各等值过程的功、热量及内能的增量等物理量。

（3）理解循环过程的物理意义及其对应的能量转换关系，熟练求解卡诺循环等简单循环过程对应的热机效率。

（4）理解热力学第二定律及其两种表述，了解可逆过程、不可逆过程等概念，以及卡诺定理、熵增加原理。

13.2　学习指导

热力学是研究热运动的宏观理论，从能量观点出发，研究物质状态变化过程对应的热功转换、热量传递等有关物理量的关系及规律。对于本章的学习，应当重点掌握热力学第一定律的物理意义及其在理想气体等值过程的应用。熟练掌握各等值过程的过程方程、过程特点、过程曲线以及各过程对应功、热量和内能增量的计算。理解循环过程的物理意义及其能量转换关系，掌握热机效率和制冷系数的计算方法。理解热力学第二定律的两种表述，以及两种表述的等效性。了解卡诺定理、熵增加原理。

13.2.1　内容提要

（1）四个重要物理量：温度、热量、功、内能。

（2）四个重要规律：热力学第一定律、热力学第二定律、卡诺定理、熵增加原理。

（3）四个准静态过程：等体过程、等压过程、等温过程、绝热过程。

（4）一个重要循环：卡诺循环。

13.2.2　重点解析

（1）内能是系统状态的单值函数，理想气体的内能仅是温度的单值函数。功和热量是过程函数，对系统做功及传递热量，均可使系统状态发生变化。因此，对于改变系统状态，做功与传递热量等效。

（2）热力学第一定律是包含热现象的能量守恒与转换定律，是自然界的基本规律。该定律阐明热、功之间的相互转换关系，否定了第一类永动机存在的可能性。应当明确，违背该定律的过程一定不能发生，但遵守该定律的过程不一定就能发生。应用该定律求解具体问题时，应当注意其中物理量的正负号规定。

（3）热力学第二定律阐明了热、功之间相互转换过程的方向性、条件和限度，即该定律决定实际过程是否存在，以及该过程进行的方向。该定律指出，自然界一切与热现象有关的实际宏观过程均为不可逆过程。该定律否定了第二类永动机存在的可能性，是热力学基本定律，同时也是自然界的基本规律之一。该定律具有两种典型且等价的表述：克劳修斯表述和开尔文表述。值得注意的是，该定律可以具有多种不同的等价的表述。

（4）系统从初态出发经历一系列中间状态后，又回到初态的过程称为热力学循环过程。工作物质做正循环的机器称为热机，即利用工作物质持续地将吸收的热量转化为对外界做功的装置。为描述循环过程中吸收的热量有多少转化为有用功引入热机效率。工作物质做逆循环时对应制冷机，外界对系统做净功，对应制冷系数。

13.2.3　本章基本问题分类

（1）第一定律应用于理想气体等值过程问题的求解。

（2）热机效率问题的求解。

（3）制冷机系数问题的求解。

问题分析解答与讨论说明

13.1　设气缸内一定量的空气吸收 1.71×10^3 J 的热量，并保持在压强 1.0×10^5 Pa 下体积由 $V_1 = 1.0 \times 10^{-2}$ m³ 膨胀到 $V_2 = 1.5 \times 10^{-2}$ m³，试求气缸内空气对外界所做功及其内能增量。

解：分析　本题为理想气体等压过程的计算问题，由其等压过程功的关系式及热力学第一定律可解。因此空气等压膨胀对外界做的功，以及内能增量分别为：

$$W = p(V_1 - V_2) = 5.0 \times 10^2 (\text{J}) \qquad (13.1.1)$$

$$Q = \Delta E + W \Rightarrow \Delta E = Q - W = 1.21 \times 10^3 (\text{J}) \qquad (13.1.2)$$

说明：理想气体等压膨胀时系统从外界吸收的热量，部分转换为对外界做的功，部分转换为系统内能的增量。

13.2 设压强 1.0×10^5 Pa、体积 1.0×10^{-3} m³ 的氧气，自温度 273K 加热到 373K，试求：

(1) 等压及等体过程氧气吸收的热量。

(2) 等压及等体过程氧气对外界所做的功。

解：**分析** 本题为求解理想气体等值过程对应的热量和体积功。由于氧气处于常温范围，故可将其视为刚性双原子分子理想气体。于是由等压摩尔热容、等容摩尔热容可求得等压、等体过程氧气吸收的热量，再结合热力学第一定律可方便求得氧气对外界所做的功。设氧气为理想气体，则得到该物质的量为：

$$\nu = \frac{p_1 V_1}{R T_1} = 4.41 \times 10^{-2} (\text{mol}) \qquad (13.2.1)$$

(1) 等压及等体过程氧气吸收的热量为：

$$Q_p = \nu C_{p,m}(T_2 - T_1) = 128.1(\text{J}) \qquad (13.2.2)$$

$$Q_V = \Delta E = \nu C_{V,m}(T_2 - T_1) = 91.5(\text{J}) \qquad (13.2.3)$$

(2) 等压及等体过程氧气对外界所做的功为：

$$W_p = Q_p - \Delta E = 36.1(\text{J}) \qquad (13.2.4)$$

$$W_V = 0 \qquad (13.2.5)$$

说明：

(1) 理想气体等体过程系统对外界的体积功永远为零，而等压过程系统从外界吸收的热量，转化为系统对外界的功及内能的增量。

(2) 对于理想气体刚性双原子分子

$$C_{p,m} == C_{V,m} + R = \frac{7}{2}R = 29.1(\text{J} \cdot \text{mol}^{-1} \cdot \text{K}^{-1})$$

$$C_{V,m} = \frac{5}{2}R = 20.78(\text{J} \cdot \text{mol}^{-1} \cdot \text{K}^{-1})$$

13.3 设质量 0.02kg 的氮气，温度由 290K 升高至 300K，若在升温过程 (1) 体积保持不变；(2) 压强保持不变；(3) 不与外界交换热量。试分别求出以上三种过程气体内能的增量、吸收的热量，以及外界对气体所做的功。

解：**分析** 本题为热力学第一定律及理想气体准静态过程等内容的综合应用问题，而且三个问题分别对应理想气体的等体、等压、绝热三种准静态过程，作图如题 13.3 图所示。首先求得等体过程内能增量的表达式，基于内能的特点，可将该式应用于其他两个过程。由于氦气处于常温范围，故可将其视为刚性单原子分子，于是得到对应等体过程系统所吸收热量及其内能增量为：

$$Q = (m/M)C_V(T_2 - T_1) \tag{13.3.1}$$

$$Q = W + \Delta E \Rightarrow Q = \Delta E = (m/M)C_V(T_2 - T_1) \tag{13.3.2}$$

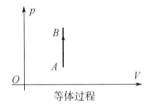 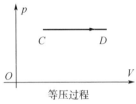 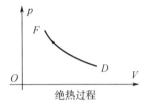

等体过程　　　　　　　等压过程　　　　　　　绝热过程

13.3 题用图

（1）氦气等体过程外界对气体做的功、吸收的热量及内能增量为：

$$W' = -W = 0 \tag{13.3.3}$$

$$Q = \Delta E = (m/M)C_V(T_2 - T_1) = 623(\text{J}) \tag{13.3.4}$$

（2）氦气等压过程外界对气体作的功、吸收的热量及内能增量为：

$$W' = -W = -p(V_2 - V_1) = -(m/M)R(T_2 - T_1)$$

$$= -417(\text{J}) \tag{13.3.5}$$

$$Q = W + \Delta E = 1.04 \times 10^4(\text{J}) \tag{13.3.6}$$

$$\Delta E = (m/M)C_V(T_2 - T_1) = 623(\text{J}) \tag{13.3.7}$$

（3）氦气绝热过程吸收的热量、内能增量及外界对气体作的功为：

$$Q = 0 \tag{13.3.8}$$

$$\Delta E = (m/M)C_V(T_2 - T_1) = 623(\text{J}) \tag{13.3.9}$$

$$W' = -W = \Delta E = 623(\text{J}) \tag{13.3.10}$$

讨论：

（1）热量和功均为过程量，而内能是态函数，故内能增量与系统经历的过程无关，仅与系统的始末状态有关。理想气体的内能只与温度有关，故其内能的增量仅取决于系统的始末温度，因此理想气体等体过程内能增量的表达式亦适用于其他准静态过程。

（2）应当注意到，等体过程系统从外界吸收热量全部转换为系统的内能。等压过程系统从外界所吸收的热量部分用来对外界做功，部分转换为系统内能。绝热过程外界对系统所做的功全部转换为系统的内能。

13.4　设如题 13.4 图所示热力学系统由状态 a 沿 abc 到达 c，有 350J 热量传入系统，而系统对外界做功 126J。试求：

（1）经 adc 过程系统对外界做功 42J，系统吸收的热量。

（2）由 c 经过程 ca 到 a，外界对系统做功 84J，系统向外界释放的热量。

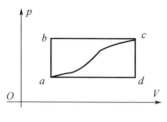

13.4 题用图

解：**分析**　本题为热力学第一定律的综合应用。对应 abc、adc、ca 三种准静态过程，且其内能的增量、系统对外界做功等物理量均已知，于是由热力学第一定律可求相关热量。设系统经 abc、adc、ca 诸过程，分别由热力学第一定律得到从外界吸收的热量为：

$$Q = W + \Delta E \Rightarrow \Delta E = Q - W = 350\text{J} - 126\text{J} \tag{13.4.1}$$

$$Q_1 = W_1 + \Delta E_1 \tag{13.4.2}$$

$$Q_2 = W_2 + \Delta E_2 \tag{13.4.3}$$

（1）系统经 adc 过程从外界吸收的热量为：

$$Q_1 = W_1 + \Delta E_1 = W_1 + \Delta E = W_1 + (Q - W) = 266(\text{J}) \tag{13.4.4}$$

（2）系统经 ca 过程向外界释放的热量为：

$$Q_2 = W_2 + \Delta E_2 = W_2 + (-\Delta E) = W_2 + [-(Q - W)]$$

$$= -308\text{J} \Rightarrow Q_{释放} = -Q_2 = 308(\text{J}) \tag{13.4.5}$$

讨论与总结：

（1）上述计算利用了系统内能增量的特性，即内能增量与系统经历的过程无关，仅取决于系统的始末状态，于是有 $\Delta E_1 = \Delta E = Q - W$，$\Delta E_2 = -\Delta E = -(Q - W)$。

（2）另外还应当注意，应用热力学第一定律时，相关物理量的符号问题，即 Q、W、ΔE 均包含正、负号，$Q > 0$ 表示系统从外界吸收热量，$Q < 0$ 表示系统向外界放出热量，$\Delta E > 0$ 表示系统内能增加，$\Delta E < 0$ 表示系统内能减少，$W > 0$ 表示系统对外界做正功，$W < 0$ 表示系统对外界做负功，或者外界对系统做正功。

13.5　范德瓦耳斯气体的物态方程如下所示，称为范德瓦耳斯方程。若

1mol 范德瓦耳斯气体通过准静态等温过程体积由 V_1 膨胀至 V_2，试求该气体此过程对外界所做的功。

$$\left(p+\frac{a}{V^2}\right)(V-b)=\nu RT \tag{13.5.1}$$

解：分析 本题为准静态过程气体对外界做功的问题。由式（13.5.1）得到范德瓦耳斯气体的压强，代入体积功公式求解，即可得到 1mol 范德瓦耳斯气体通过准静态等温膨胀过程对外界做的功为：

$$\left(p+\frac{a}{V^2}\right)(V-b)=\nu RT \Rightarrow p=\left(\frac{RT}{V-b}-\frac{a}{V^2}\right) \tag{13.5.2}$$

$$W=\int_{V_1}^{V_2} p\mathrm{d}V=\int_{V_1}^{V_2}\left(\frac{RT}{V-b}-\frac{a}{V^2}\right)\mathrm{d}V=\left[RT\ln(V-b)+\frac{a}{V}\right]\Bigg|_{V_1}^{V_2}$$

$$\tag{13.5.3}$$

$$W=RT\ln\frac{V_2-b}{V_1-b}+a\left(\frac{1}{V_2}-\frac{1}{V_1}\right) \tag{13.5.4}$$

说明： 范德瓦耳斯方程，是由荷兰物理学家范德瓦耳斯（Johannes Diderik van der Waals，1837－1923）于 1873 年提出的一种实际气体物态方程。因对气体和液体的状态方程所做的工作，1910 年范德瓦耳斯获得诺贝尔物理学奖。

13.6 可用实验方法测量气体的摩尔热容比 $\gamma=C_p/C_V$。首先使得一定量气体的初始温度、体积和压强分别为 T_0、V_0 和 p_0，然后利用通电铂丝对其加热，且保证两次加热过程气体吸收的热量相同。控制第一次加热过程气体体积 V_0 不变，温度、压强变为 T_1、p_1。控制第二次加热过程压强 p_0 不变，温度、体积变为 T_2、V_2。于是由 $\gamma=\dfrac{(p_1-p_0)V_0}{(V_2-V_0)p_0}$ 即可测得气体的摩尔热容比，试证明该关系式成立。

证：分析 由题意所给两个实验过程分别为等体过程、等压过程，故可应用等容摩尔热容、等压摩尔热容及热容比的定义式，以及等体过程、等压过程的特点证明该关系式成立。于是由定义式出发可得：

$$C_V=\frac{(\mathrm{d}Q)_V}{\mathrm{d}T}, \quad C_p=\frac{(\mathrm{d}Q)_p}{\mathrm{d}T}, \quad \gamma=\frac{C_p}{C_V}$$

$$\Rightarrow C_V=\frac{\Delta Q}{T_1-T_0}, \quad C_p=\frac{\Delta Q}{T_2-T_0} \tag{13.6.1}$$

对于等体过程、等压过程分别有：

$$\frac{p_1}{T_1}=\frac{p_0}{T_0}, \quad \frac{V_1}{T_1}=\frac{V_0}{T_0}\Rightarrow T_1=\frac{T_0 p_1}{p_0}, \quad T_2=\frac{T_0 V_2}{V_0} \tag{13.6.2}$$

$$\gamma = \frac{C_p}{C_V} = \frac{T_1 - T_0}{T_2 - T_0} = \frac{T_0 p_1 / p_0 - T_0}{T_0 V_2 / V_0 - T_0} = \frac{(p_1 - p_0) V_0}{(V_2 - V_0) p_0} \quad (13.6.3)$$

故有结论：上述关系成立。

13.7 已知理想气体的多方过程方程为 $pV^n = C$，试求理想气体的多方过程摩尔热容。

解：分析 本题为应用理想气体多方过程的求解问题。对于 1mol 理想气体有 $pV = RT$，因此理想气体多方过程对外所做的功、吸收的热量及摩尔热容分别为：

$$W = \int_{V_1}^{V_2} p \, dV = \int_{V_1}^{V_2} C V^{-n} \, dV = \frac{C}{1-n} (V_2^{1-n} - V_1^{1-n})$$

$$= \frac{p_1 V_1 - p_2 V_2}{n-1} = \frac{RT_1 - RT_2}{n-1} \quad (13.7.1)$$

$$Q = W + \Delta E = \frac{1}{1-n} R(T_2 - T_1) + \frac{i}{2} R(T_2 - T_1) \quad (13.7.2)$$

$$C_n = \frac{Q}{T_2 - T_1} = \left(\frac{1}{1-n} + \frac{i}{2} \right) R = \frac{i + 2 - in}{2(1-n)} R$$

$$= \frac{(i+2)/i - n}{1-n} \cdot \frac{i}{2} R = C_V \frac{\gamma - n}{1-n} \quad (13.7.3)$$

讨论：

(1) $n = 0$ 为等压过程，$n = 1$ 为等温过程，$n = \gamma$ 为表示绝热过程，$n = \infty$ 为等体过程。

(2) 由式 (13.7.1) ~ (13.7.3) 可知，功、热量、摩尔热容均为过程量。

13.8 设有热机以 1mol 双原子分子气体为工作物质，循环过程如题 13.8 图所示，其中 AB 为等温过程，且 $T_A = 1111\text{K}$，$T_C = 111\text{K}$，已知 $\ln 10 = 2.3$，试求热机效率 η。

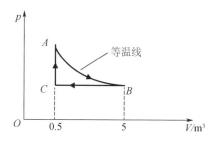

13.8 题用图

解：分析 本题是以理想气体为工质的热机效率问题。$A \rightarrow B$ 等温膨胀过程为吸热过程，所吸收热量全部用于对外做功。$B \rightarrow C$ 等压压缩降温过程为放热过程。$C \rightarrow A$ 等体升压增温过程为吸热过程。故该循环过程包含两个吸热过程、一个放热过程。故对应三个过程的热量，以及循环过程吸收、放出热量，净功和热机效率分别为：

$$Q_{AB} = W_{AB} = \nu R T_A \ln \frac{V_B}{V_A} = R T_A \ln 10 \tag{13.8.1}$$

$$Q_{BC} = \nu c_{p,m}(T_A - T_C) = \frac{7}{2}R(T_A - T_C) \tag{13.8.2}$$

$$Q_{CA} = \nu c_{V,m}(T_A - T_C) = \frac{5}{2}R(T_A - T_C) \tag{13.8.3}$$

$$Q_{吸} = Q_{AB} + Q_{CA} \tag{13.8.4}$$

$$Q_{放} = Q_{BC} \tag{13.8.5}$$

$$W = Q_{吸} - Q_{放} = Q_{AB} + Q_{CA} - Q_{BC} \tag{13.8.6}$$

$$\eta = \frac{W}{Q} = \frac{Q_{AB} + Q_{CA} - Q_{BC}}{Q_{AB} + Q_{CA}} = 1 - \frac{Q_{BC}}{Q_{AB} + Q_{CA}} = 31\% \tag{13.8.7}$$

说明： 实际热机效率如液体燃料火箭 $\eta = 48\%$，柴油机 $\eta = 37\%$，汽油机 $\eta = 25\%$，蒸汽机 $\eta = 8\%$，可看出汽油机和蒸汽机效率远小于式（13.8.7）所表出的结果。

13.9 设 1mol 的理想气体经历如题 13.9 图所示循环过程。$A \rightarrow B$、$C \rightarrow D$ 为等压过程，$B \rightarrow C$、$D \rightarrow A$ 为绝热过程，其中 $T_B = 400K$、$T_C = 300K$，试求该循环效率。

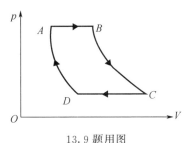

13.9 题用图

解：分析 本题为热机效率的求解问题。$A \rightarrow B$ 为等压膨胀过程，由热力学第一定律和理想气体物态方程可知，该过程为升温吸热过程，吸收的热量为 Q_{AB}，同理 $C \rightarrow D$ 过程为等压压缩降温放热过程，且 Q_{CD} 为放热的量值。因此得到对应热量及热机效率分别为：

$$Q_{AB} = \nu C_{p,m}(T_B - T_A) \tag{13.9.1}$$

$$Q_{CD} = \nu C_{p,m}(T_C - T_D) \tag{13.9.2}$$

$$\eta = 1 - \frac{Q_2}{Q_1} = 1 - \frac{Q_{CD}}{Q_{AB}} = 1 - \frac{T_C - T_D}{T_B - T_A} \tag{13.9.3}$$

由绝热过程方程得到，$D \rightarrow A$：$p_A^{\gamma-1} T_A^{-\gamma} = p_D^{\gamma-1} T_D^{-\gamma}$；$B \rightarrow D$：$p_B^{\gamma-1} T_B^{-\gamma} = p_C^{\gamma-1} T_C^{-\gamma}$。由于 $p_A = p_B$，$p_C = p_D$，于是有：

$$\frac{T_C}{T_B} = \frac{T_D}{T_A} = \frac{T_C - T_D}{T_B - T_A} \tag{13.9.4}$$

$$\eta = 1 - \frac{T_C - T_D}{T_B - T_A} = 1 - \frac{T_C}{T_B} = 1 - \frac{300}{400} = 25\% \tag{13.9.5}$$

说明：该热机效率的表达式与卡诺热机效率的表达式相似，但该循环却不是卡诺循环。

13.10　奥托热机是德国物理学家奥托发明的一种热机，四冲程汽油机的工作循环即为奥托循环。如题 13.10 图所示奥托循环由两条绝热线、两条等体线构成。试证明该热机效率为 $\eta = 1 - \left(\dfrac{V_2}{V_1}\right)^{\gamma-1}$，其中 γ 为摩尔热容比。

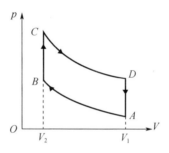

13.10 题用图

证：分析　本题由热力学第一定律和理想气体物态方程可求得吸收、放出的热量，再由绝热过程方程及热机效率，即可完成求证。$B \rightarrow C$ 为等体增压过程，温度升高吸收热量。$D \rightarrow A$ 为等体减压过程，温度降低放出热量. 两过程对应热量分别为：

$$Q_1 = \nu C_{V,m}(T_C - T_B) \tag{13.10.1}$$

$$Q_2 = \nu C_{V,m}(T_D - T_A) \tag{13.10.2}$$

又 AB 过程：$T_A V_1^{\gamma-1} = T_B V_2^{\gamma-1}$，CD 过程：$T_D V_1^{\gamma-1} = T_C V_2^{\gamma-1}$。于是得到：

$$\frac{T_D}{T_C} = \frac{T_A}{T_B} = \frac{T_D - T_A}{T_C - T_B} = \left(\frac{V_2}{V_1}\right)^{\gamma-1} \tag{13.10.3}$$

$$\eta = \frac{Q_1 - Q_2}{Q_1} = 1 - \frac{T_D - T_A}{T_C - T_B} = 1 - \frac{T_A}{T_B} = 1 - \left(\frac{V_2}{V_1}\right)^{\gamma-1} \tag{13.10.4}$$

说明与应用：

（1）该题也可以应用热机效率 $\eta = W/Q_1$ 求解。

（2）奥托热机是现今汽油机中常见的循环，其中 $\gamma = V_2/V_1$ 叫做压缩比，是汽油机重要的技术参量。

13.11　设室外气温 295K，若使用空调维持室内温度 294K，已知进入室内热量的速率为 $1.0467 \times 10^5 \text{J/s}$。试求所用空调的最小功率。

解：分析　本题为卡诺制冷机的求解问题。由题意知该空调仅有高、低温两个热源，故可视为卡诺制冷机。要维持室内的低温 T_2，空调就要在单位时间内将进入室内的热量排至室外，于是令 $Q_2 = 1.0467 \times 10^5 \text{J}$ 为制冷机单位时间从低温热源吸收并排出室外的热量，T_1 为室外高温热源的温度，则求得制冷机单位时间至少做功 $W_{\min}$ 为：

$$e = Q_2/W = Q_2/(Q_1 - Q_2) = T_2/(T_1 - T_2)$$

$$\Rightarrow W = Q_2/e = W_{\min} \tag{13.11.1}$$

$$e = T_2/(T_1 - T_2) = 294 \tag{13.11.2}$$

$$W_{\min} = Q_2/e = 356(\text{J}) \tag{13.11.3}$$

说明： 制冷机单位时间至少做功（13.11.3）式即为所用空调的最小功率。

第 14 章 近代物理基础

内容总结

14.1 教学基本要求

（1）理解伽利略变换、狭义相对论基本原理，掌握洛伦兹变换的应用方法。

（2）理解绝对时空观、狭义相对论时空观，以及同时的相对性、时间延缓和长度收缩等基本概念。

（3）了解狭义相对论中质量与速度、动量与速度的关系，以及质能关系式。

（4）了解绝对黑体、波粒二象性、量子化、光量子等基本概念。

（5）了解黑体辐射、普朗克能量子假设、爱因斯坦光量子理论、光电效应和波尔的氢原子理论。

（6）了解德布罗意波、不确定关系，以及薛定谔方程、定态波函数、本征函数等。

14.2 学习指导

本章内容分为两大部分：狭义相对论和量子论。关于本章的学习，应当重点理解狭义相对论基本原理及相对论时空观。努力克服经典力学的影响，学会运用狭义相对论观点思考问题，掌握运用狭义相对论的方法处理问题。了解黑体辐射、光电效应及氢原子光谱等实验规律，了解其与经典物理的矛盾，以及解决这些矛盾所提出的新理论普朗克能量子假设、爱因斯坦光量子理论等内容，以此树立正确的认识论，培养自身的创新能力．还应当了解波函数及其统计解释等，了解应用薛定谔方程分析一维无限深势阱的方法。

14.2.1 内容提要

（1）两种时空观：绝对时空观、狭义相对论时空观。

（2）两项基本原理：相对性原理、光速不变原理。

（3）两个重要变换：伽利略变换、洛伦兹变换。

（4）一个重要关系：不确定关系。

（5）一个重要方程：薛定谔方程。

14.2.2　重点解析

（1）狭义相对论基本原理表明，经典力学的绝对时空观及伽利略变换不正确，因而建立了新的时空变换关系——洛伦兹变换。该变换是同一事件在不同惯性系的两组时空坐标之间的变换关系，将时间、空间以及物质的运动不可分割地联系起来，洛伦兹变换与伽利略变换本质不同，但是在低速条件下，由洛伦兹变换取近似即可得到伽利略变换。值得注意的是，狭义相对论有些问题，可以直接从洛伦兹变换出发求解。例如同时的相对性、长度收缩和时间延缓，由洛伦兹变换可以直接给出证明。

（2）关于同时的相对性需要注意，同时的相对性是指同一惯性系不同地点同时发生两个事件，在另一惯性系观察不同时，即"同时"具有相对性，"同时"与观察者所在惯性系有关。若在同一个惯性系同一地点同时发生两个事件，在另一惯性系观察也是同时。

（3）关于长度收缩和时间延缓，可由洛伦兹变换直接导出，应注意理解固有时、固有长度等概念。

（4）经典理论有其使用限度，超出该限度，经典理论失效，对于微观范畴的问题，应当应用量子力学方法处理。微观粒子对应德布罗意波或物质波，其波动性是对粒子空间分布的统计描述，是一种概率波。具有既体现粒子性又体现波动性的特性，称为微观粒子的波粒二象性。

（5）由不确定关系可知，不可能同时确定微观粒子的坐标和动量。利用不确定关系可直接估算微观粒子坐标、动量等物理量的不确定范围，也可以通过物理量的不确定范围估算物理量本身的数量级。

（6）应用薛定谔方程求解具体问题时，应着重理解其解题思路及边界条件的含义，以及如何应用归一化条件等。

问题分析解答与讨论应用

14.1　宇宙飞船以速率 $u=0.80c$ 沿 x 轴正方向远离地球，若宇航员在飞船参考系观察到一颗超新星爆炸，设飞船参考系的时空坐标为 $t'=-6.0\times10^8\,\mathrm{s}$，$x'=3.0\times10^{17}\,\mathrm{m}$，$y'=4.0\times10^{17}\,\mathrm{m}$，$z'=0$。试求：

（1）超新星爆炸事件在地球参考系的时空坐标。

（2）在飞船参考系测量，超新星爆炸的光信息到达飞船的用时为多少。

解：分析 本题属于洛伦兹变换变换应用问题，可直接应用该变换求解。由该变换关系可解得，超新星爆炸事件在地球参考系的时空坐标，及在飞船参考系测量爆炸光信息到达飞船用时分别为：

$$(1)\begin{cases} x = \dfrac{x' + ut'}{\sqrt{1-u^2/c^2}} = 2.6 \times 10^{17}\,(\text{m}) \\[2mm] y = y' = 4.0 \times 10^{17}\,(\text{m}) \\[2mm] z = z' = 0 \\[2mm] t = \dfrac{t' + \dfrac{u}{c^2}x'}{\sqrt{1-u^2/c^2}} = 3.33 \times 10^8\,(\text{s}) \end{cases} \tag{14.1.1}$$

$$(2)\ \Delta t = \frac{s}{c} = \frac{\sqrt{x'^2 + y'^2 + z'^2}}{c} = \frac{5 \times 10^{17}}{c} = 1.67 \times 10^9\,(\text{s}) \tag{14.1.2}$$

说明： 洛伦兹变换是理解狭义相对论时空观，以及计算相关狭义相对论问题的工具，狭义相对论的一些习题可直接从该变换出发求解，故应当在理解的基础之上熟练运用。

14.2　若两个电子沿着相反的方向飞离放射性样品，设电子相对于样品的速率均为 $0.90c$，试求两电子之间的相对速度为多少。

解：分析 本题可视为相对论速度变换应用问题，可直接应用该变换计算相对速度。设放射性样品为静系，电子 1 为动系，其运动方向为 x 轴正向，速度为 $0.9c$。则电子 2 相对静系的速度为 $-0.9c$。故所求问题为电子 2 相对于电子 1 的相对速度。于是应用相对论速度变换得到两电子之间的相对速度为：

$$\begin{cases} u'_x = \dfrac{u_x - v}{1 - vu_x/c^2} \\[3mm] u'_y = \dfrac{u_y\,\sqrt{1-v^2/c^2}}{1 - vu_y/c^2} \\[3mm] u'_z = \dfrac{u_z\,\sqrt{1-v^2/c^2}}{1 - vu_z/c^2} \end{cases} \tag{14.2.1}$$

其中：
$$\begin{cases} u_x = -0.9c \\ u_y = 0 \\ u_z = 0 \\ v = 0.9c \end{cases} \tag{14.2.2}$$

$$\begin{cases} u'_x = \dfrac{-0.9c - 0.9c}{1 - 0.9c(-0.9c)/c^2} = \dfrac{-1.8c}{1 + (0.9c)^2/c^2} = -0.994c \\[3mm] u'_y = \dfrac{u_y \sqrt{1 - v^2/c^2}}{1 - vu_y/c^2} = 0 \\[3mm] u'_z = \dfrac{u_z \sqrt{1 - v^2/c^2}}{1 - vu_z/c^2} = 0 \end{cases} \quad (14.2.3)$$

说明：相对论速度变换可由洛伦兹变换导出。求解狭义相对论相关速度问题，一般可直接由该变换出发求解，故应当在理解的基础之上熟练掌握。

14.3 测得火箭在某惯性系的长度为其固有长度的一半，试求其相对于该惯性系的速率。

解：分析 本题为狭义相对论长度收缩的直接应用。由长度收缩关系式解得：

$$l = l_0 \sqrt{1 - \frac{v^2}{c^2}} \Rightarrow v = c \sqrt{1 - \frac{l^2}{l_0^2}} = 2.6 \times 10^8 (\text{m} \cdot \text{s}^{-1}) \quad (14.3.1)$$

说明：长度收缩是狭义相对论时空观空间观点的具体体现，可在此类习题的练习基础上，加深对该效应的认识，以便深刻理解狭义相对论时空观。

14.4 已知静止时 μ 介子的平均寿命为 2.2×10^{-8} s，当 μ 介子相对于观察者的速率为 $0.90c$ 时，试求其于真空中衰变前走过的平均距离？

解：分析 本题为狭义相对论时间延缓的直接应用。由时间延缓关系式解得相对于观察者，μ 介子的平均寿命及其真空中衰变前走过的平均距离分别为：

$$\Delta t = \frac{\tau}{\sqrt{1 - v^2/c^2}} \Rightarrow \Delta t = \frac{2.2 \times 10^{-8}}{\sqrt{1 - (0.9)^2}} = 5.047 \times 10^{-8} (\text{s}) \quad (14.4.1)$$

$$L = v\Delta t = 0.9c \times 5.047 \times 10^{-8} = 13.63 (\text{m}) \quad (14.4.2)$$

说明：时间延缓是狭义相对论时空观时间观点的具体体现，可在此类习题的求解基础之上，加深对该效应的理解，以便进一步理解狭义相对论时空观。

14.5 两个静止质量均为 m_0 的粒子 A、B 以相同的速率 v 相向而行，碰撞后结合为新粒子 C，试计算该粒子的静质量 M_0。

解：分析 本题有关于狭义相对论动量、相对论质量、能量守恒、质能关系式，以及静质量等重要概念。设两粒子相对论质量均为 m，新粒子 C 相对论质量为 m_C。碰撞前后系统动量、能量均守恒，故由动量守恒定律可求得新粒子 C 速度为零，由质能关系式求得新粒子 C 静质量，于是有：

$$mv - (mv) = m_C v_C = 0 \Rightarrow v_C = 0 \tag{14.5.1}$$

$$E = mc^2 \Rightarrow \frac{M_0 c^2}{\sqrt{1 - v_C^2/c^2}} = \frac{m_0 c^2}{\sqrt{1 - \dfrac{v^2}{c^2}}} + \frac{m_0 c^2}{\sqrt{1 - \dfrac{v^2}{c^2}}}$$

$$\Rightarrow M_0 = \frac{2m_0}{\sqrt{1 - v^2/c^2}} \tag{14.5.2}$$

总结与应用：

（1）动量守恒定律、能量守恒定律均适用于狭义相对论问题。但是，其中的质量要理解为相对论质量，而且要应用质能关系式求解能量守恒等问题。值得强调的是，相对论质量和静质量是狭义相对论的重要概念，质能关系式为狭义相对论的重要推论。

（2）任何物质的质量都与确定的能量对应，两者的对应关系由质能关系式给出，这是狭义相对论对人类的重要贡献。质能关系式是原子能应用的主要理论根据，百年来被大量实验证实，并成功应用于核武器研制及核发电，例如原子弹、氢弹的试验成功，遍布全球的核电站则是人类和平应用核裂变的典范。目前科学家正在研究可控核聚变，2012 年 7 月 10 日中国可控核聚变实验装置获得重大突破。有理由坚信，核聚变即将成为人类使用更安全，燃料更丰富的能量来源。

14.6　氘核由质子、中子两个粒子组成，其质量分别为 $m_{氘}$＝3.34365×10^{-27}kg，$m_{质}$＝1.67265×10^{-27}kg 和 $m_{中}$＝1.67496×10^{-27}kg，试求氘核的结合能。

解：分析　本题为狭义相对论结合能的计算问题。由结合能关系式得到氘核的结合能为：

$$E_k = (m_{10} - m_{20})c^2 = 0.00396 \times 10^{-27} \times 9 \times 10^{16}(\text{J})$$
$$= 3.564 \times 10^{-13}(\text{J}) \tag{14.6.1}$$

其中 m_{10}＝$m_{质}$＋$m_{中}$，m_{20}＝$m_{氘}$。

说明：结合能是狭义相对论质能关系的核心内容。

14.7　已知光电管的阴极由逸出功 3.0eV 的金属制成，试求此光电管阴极金属的光电效应红限波长。

解：分析　本题为光电效应的计算与应用问题。直接令逸出金属表面电子的初动能为零，代入爱因斯坦光电效应方程，即可解得产生光电效应的截止频率和红限波长为：

$$h\nu = \frac{1}{2}mv^2 + W = W$$

$$\Rightarrow \nu_0 = \frac{W}{h} = \frac{3 \times 1.602 \times 10^{-19}}{6.626 \times 10^{-34}} = 7.25 \times 10^{14} (\text{Hz}) \qquad (14.7.1)$$

$$\lambda = \frac{c}{\nu} = \frac{3 \times 10^8}{7.25 \times 10^{14}} = 4.14 \times 10^{-7} (\text{m}) \qquad (14.7.2)$$

说明与应用：

（1）依据光子理论，每个电子从光波获得的能量只与单个光子的能量 $h\nu$ 有关，而与光强无关。

（2）当光子的能量小于逸出功 $h\nu < W$，即入射光的频率小于红限时 $\nu < \nu_0$，电子就不能从金属表面逸出。

（3）光电效应由德国物理学家赫兹于 1887 年发现，而正确的解释归功于爱因斯坦。1905 年爱因斯坦在解释光电效应时，首次将普朗克 1900 年提出的"量子论"假说加以推广，创造性地提出"光量子"假说，从而成功解释了光电效应。

（4）阿尔伯特·爱因斯坦（Albert. Einstein，1879—1955），出生于德国，毕业于苏黎世大学，犹太裔物理学家，创立狭义相对论和广义相对论。1921 年 42 岁的爱因斯坦因光电效应研究而获得诺贝尔物理学奖，该研究有力地推动了量子力学的发展。爱因斯坦为核能开发奠定了理论基础，开创了现代科学技术新纪元，被公认为继伽利略、牛顿以来最伟大的物理学家。1999 年 12 月 26 日爱因斯坦被美国《时代周刊》评选为"世纪伟人"。

14.8　设单色光激发处于第一激发态的氢原子，发射的光谱中只能看到三条巴耳末光谱线，试计算三条光谱线的波长。

n	E/eV
∞	0
5	-0.54
4	-0.85
3	-1.51
2	-3.4
1	-13.6

14.8 题用图

解：分析　本题涉及巴耳末光谱线问题。由氢原子能级题 14.8 图所示可得，三条巴耳末光谱线分别对应 3、4、5 能级到 2 能级的跃迁，于是由跃迁频率条件可解得该光谱线对应的波长：

$$h\nu = E_k - E_n (k = 3,4,5, n = 2) \Rightarrow \lambda = \frac{hc}{E_k - E_n} (k = 3,4,5, n = 2)$$

$$(14.8.1)$$

$$
\begin{cases}
\lambda_1 = \dfrac{hc}{E_3 - E_2} = \dfrac{6.626 \times 10^{-34} \times 3 \times 10^8}{(3.4 - 1.51) \times 1.602 \times 10^{-19}} = 6.565 \times 10^{-7}\,(\mathrm{m}) \\[2mm]
\lambda_2 = \dfrac{hc}{E_4 - E_2} = \dfrac{6.626 \times 10^{-34} \times 3 \times 10^8}{(3.4 - 0.85) \times 1.602 \times 10^{-19}} = 4.866 \times 10^{-7}\,(\mathrm{m}) \\[2mm]
\lambda_3 = \dfrac{hc}{E_5 - E_2} = \dfrac{6.626 \times 10^{-34} \times 3 \times 10^8}{(3.4 - 0.54) \times 1.602 \times 10^{-19}} = 4.339 \times 10^{-7}\,(\mathrm{m})
\end{cases}
$$

$$(14.8.2)$$

14.9　设狙击手以速率 $800\mathrm{m} \cdot \mathrm{s}^{-1}$ 射出质量 $0.024\mathrm{kg}$ 的子弹,试计算该子弹的德布罗意波长。

解:分析　本题属于德布罗意波的问题,由德布罗意波长关系式可直接求解。于是得到子弹的德布罗意波长为:

$$\lambda = \frac{h}{m_0 v} = \frac{6.626 \times 10^{-34}}{0.024 \times 800} = 3.45 \times 10^{-35}\,(\mathrm{m}) \tag{14.9.1}$$

讨论与说明:

(1) 由此可见,宏观物体德布罗意波长的数量级非常小,其波动性难以观察,故宏观物体主要表现出粒子性。

(2) 1924 年德布罗意在爱因斯坦光量子理论的启发下,创造性地提出"物质波"假说,得到了电子衍射实验的验证。1926 年薛定谔又在"物质波"假说的基础之上,创立了量子力学。

(3) 路易·维克多·德布罗意 (Louis Victor, Duc de Broglie, 1892—1987) 出生于迪耶普,法国理论物理学家,物质波理论的创立者、量子力学的奠基人之一,因物质波理论的研究 1929 年获得诺贝尔物理学奖,同年还获得法国科学院享利·彭加勒奖章。

(4) 埃尔温·薛定谔 (Erwin Schrödinger, 1887—1961),奥地利物理学家,量子力学奠基人之一,因发展了原子理论与英国理论物理学家狄拉克 (Paul Dirac, 1902—1984) 共获 1933 年诺贝尔物理学奖,1937 年又荣获马克斯·普朗克奖章。

14.10　已知电子的速率为 $100\mathrm{m} \cdot \mathrm{s}^{-1}$,动量的不确定关系为动量的 0.01%,试求该电子位置不确定范围。

解:分析　本题属于不确定关系式的应用问题,可由该关系式直接求解:

$$
\begin{aligned}
\Delta x &\geqslant \frac{\hbar}{2\Delta p} = \frac{\hbar}{2m_e \Delta v} = \frac{1.05 \times 10^{-34}}{2 \times 9.11 \times 10^{-31} \times 1 \times 10^2 \times 1 \times 10^{-4}} \\
&= 5.76 \times 10^{-3}\,(\mathrm{m})
\end{aligned}
\tag{14.10.1}
$$

讨论与应用:

(1) 此数值已远超出原子的线度 $10^{-10}\mathrm{m}$。所以就原子中的电子而言,其具有确定的位置，同时具有确定的速率毫无意义。显然，由于微观粒子的波动性，核外电子轨道的概念也毫无意义。

（2）基于量子力学的基本原理，量子通信是利用量子纠缠效应进行信息传递的一种新型的通信方式，具有高效率和高度安全等特点。量子通信是近二十年发展起来的新型交叉学科，是量子论和信息论相结合的新的研究领域。1997 年在奥地利留学的中国青年学者潘建伟与荷兰学者波密斯特等人合作，首次实现未知量子态的远程传输，这是国际上首次在实验上成功地把一个量子态从甲地的光子传送到乙地的光子上。2012 年中国科学家潘建伟等人在国际上首次成功实现百公里量级的自由空间量子隐形传态和纠缠分发，为发射全球首颗"量子通信卫星"奠定技术基础，国际权威学术期刊《自然》杂志同年 8 月 9 日重点介绍了该成果。2016 年 8 月 16 日 01 时 40 分，由中国科学技术大学主导研制的世界首颗量子科学实验卫星"墨子号"在酒泉卫星发射中心用长征二号丁运载火箭成功发射升空。

14.11 已知一维运动的粒子处在由如下波函数描述的状态，其中 $a > 0$，试求归一化因子 A。

$$\psi(x) = \begin{cases} A\sin\dfrac{\pi}{a}(x+a), & |x| < a \\ 0, & |x| \geqslant a \end{cases}$$

解：**分析** 本题为归一化条件的应用问题，可直接由该条件出发求解。于是得到归一化因子为：

$$\int |\psi|^2 \mathrm{d}V = 1 \Rightarrow \int_{-a}^{a} A^2 \sin^2\frac{\pi}{a}(x+a)\mathrm{d}x = 1$$

$$\Rightarrow \int_{-a}^{a} A^2 \sin^2\frac{\pi}{a}(x+a)\mathrm{d}x = \frac{a}{\pi}A^2\left[\frac{1}{2}\frac{\pi}{a}(x+a) - \frac{1}{4}\sin\frac{2\pi}{a}(x+a)\right]\Bigg|_{-a}^{a}$$

$$= aA^2 = 1 \tag{14.11.1}$$

$$A = \frac{1}{\sqrt{a}} \tag{14.11.2}$$

讨论：

（1）$\int |\psi|^2 \mathrm{d}V = 1$ 为归一化条件，表示粒子在全空间出现的概率为 100%。

（2）由式（14.11.1）可知，将波函数代入归一化条件定积分，可直接得到归一化因子。

14.12 设质量 m 的粒子处于宽度为 a 的一维无限深势阱内，试求粒子在 $0 \leqslant x \leqslant \dfrac{a}{4}$ 区间内出现的概率。

解：分析 本题为波函数的应用问题，可直接由概率关系式出发，代入波函数积分，即可得到所求结果。于是对应一维无限深势阱内运动粒子波函数，由概率关系式得到粒子在 $0 \leqslant x \leqslant \dfrac{a}{4}$ 区间内出现的概率为：

$$\psi_n(x) = \sqrt{\frac{2}{a}} \sin \frac{n\pi x}{a} \tag{14.12.1}$$

$$\int_V |\psi|^2 \, \mathrm{d}V = \int_0^{\frac{a}{4}} \left(\sqrt{\frac{2}{a}} \sin \frac{n\pi x}{a} \right)^2 \mathrm{d}x = \frac{2}{n\pi} \left[\frac{n\pi x}{2a} - \frac{1}{4} \sin \frac{2n\pi x}{a} \right] \Bigg|_0^{\frac{a}{4}}$$

$$= \frac{1}{4} - \frac{1}{2n\pi} \sin \frac{n\pi}{2} \tag{14.12.2}$$

讨论：

（1）式（14.12.1）为一维无限深势阱内运动粒子的波函数。

（2）由概率关系式积分所得结果为式（14.12.2），即为粒子在 $0 \leqslant x \leqslant \dfrac{a}{4}$ 区间出现的概率。

参考文献

［1］马文蔚，谈漱梅，薛豪．物理学第四版学习指南［M］．北京：高等教育出版社，2001．

［2］周一平．大学物理：方法·学习·讨论［M］．长沙：中南大学出版社，2001．

［3］林敬与，祁祥麟，张颖等．大学物理学习指导与提高［M］．北京：北京航空航天大学出版社，2001．

［4］东南大学等七所工科院校．物理学(上、下册)［M］．北京：高等教育出版社，2006．

［5］梁志强，李洪云．大学物理(上册)［M］．第二版．北京：中国水利水电出版社，2017．

［6］梁志强，王伟．大学物理(下册)［M］．第二版．北京：中国水利水电出版社，2017．

［7］王少杰，顾牡，毛骏键．大学物理学［M］．上海：同济大学出版社，2002．

［8］吴百诗．大学物理(上、下册)［M］．西安：西安交通大学出版社，2009．

［9］张三慧．大学基础物理学［M］．北京：清华大学出版社，2007．

［10］［美］D. Halliday，R. Resnick，J. Walker 著．物理学基础［M］．张三慧，李椿译．北京：机械工业出版社，2005．

［11］保罗·彼得·尤荣．大学物理学英文版［M］．北京：机械工业出版社，2003．

［12］［美］Halliday，Resnick，Walker．哈里德大学物理学［M］．北京：机械工业出版社，2009．

［13］滕小瑛．大学物理学英文版［M］．北京：高等教育出版社，2005．

［14］韩立铭，庄明伟，梁志强．对称式牛顿管演示装置［J］．物理与工程，2013，23(5)：33-34．

［15］尹妍妍，梁志强，刘进庆等．均匀带电细圆环电场的计算机模拟［J］．物理与工程，2012，22(4)：33-36．

［16］庄明伟，余志文，梁爽等．双管对比式楞次定律演示装置［J］．物理实验，2010，30(6)：23-24．